中国地理标志农产品丛书

周至猕猴桃

周至县农业农村局 编著

中国农业出版社
农村设物出版社
北 京

图书在版编目（CIP）数据

周至猕猴桃/周至县农业农村局编著．—北京：
中国农业出版社，2021.11
（中国地理标志农产品丛书）
ISBN 978-7-109-28524-8

Ⅰ.①周…　Ⅱ.①周…　Ⅲ.①猕猴桃－介绍－周至县
Ⅳ.①S663.4

中国版本图书馆CIP数据核字(2021)第137590号

中国农业出版社出版
地址：北京市朝阳区麦子店街18号楼
邮编：100125
责任编辑：陈　瑨
责任校对：刘丽香
印刷：北京通州皇家印刷厂
版次：2021年11月第1版
印次：2021年11月第1次印刷
发行：新华书店北京发行所发行
开本：700mm×1000mm　1/16
印张：11.25
字数：260千字
定价：98.00元

《中国地理标志农产品丛书·周至猕猴桃》
编辑委员会

序

陕西是华夏农耕文化的重要发祥地之一，历史文化悠久，生态多样，资源丰富，特色鲜明。新中国成立以来，陕西农业走过了辉煌的历程，跨上了更高的台阶，农村生态宜居，农民生活富足。如今，陕西正聚力打造“3+X”农业特色产业，全面推进乡村产业振兴，站在了加快实现农业现代化的历史新起点，尤其是以果业产业为代表的特色产业，正在优化布局，加快国际化进程。产业兴，则百业兴。猕猴桃作为陕西省果业产业发展的拳头产品，已建成世界上最大的秦岭北麓集中产区，面积超过100万亩[1]，产量140余万吨，约占全球产量的1/3和全国

[1] 亩为非法定计量单位，1亩≈667米^2。——编者注

产量的1/2。位于中华龙脉——秦岭北麓产区的周至县，猕猴桃种植面积43.2万亩，年产量53万吨，年产值43亿元，从业人员超过30万人，已经成为目前世界上最大的猕猴桃种植基地，是名副其实的“中国猕猴桃之乡”“陕西省现代农业强县”。

周至县地处关中平原西部，南依秦岭，北濒渭水，襟山带河，是典型的农业大县，也是闻名中外的猕猴桃之乡、世界猕猴桃原产地，素有“金周至”之美誉。境内土壤肥沃，水资源丰富，光照充足，气候温润，海拔高度适宜，为有“水果之王”“维生素C之冠”美称的猕猴桃提供了得天独厚的自然生长条件。周至猕猴桃凭借其品质优、口感佳、品牌价值高、发展前景好等特质赢得了国内外市场和广大消费者的喜爱，引领着世界猕猴桃行业发展。一分耕耘，一分收获，周至猕猴桃先后取得了中国绿色食品认证、欧盟有机产品认证和农业农村部农产品地理标志登记保护及国家地理标志证明商标注册等。目前，全国60%的猕猴桃

中华龙脉——秦岭

鲜果销售和80%的猕猴桃深加工产品来自周至，周至县已成为陕西省猕猴桃产业发展的主力军。

周至猕猴桃产业起步于20世纪70年代末，从最初野生猕猴桃资源普查采集的100多个优良单株试验种植开始，历经40余年持续努力，已经形成了主辅品种层次分明、果肉色彩各异、早中晚配套的多样化产业格局，在品种选育、技术管理、贮藏加工、社会和经济效益等方面均取得了骄人成绩，稳居全国之首。境内约2200千米^{2}的秦岭山区，蕴藏着丰富的猕猴桃种质资源，是我国最大的猕猴桃天然基因库，为猕猴桃品种更新提供了不竭源泉；自主选育的秦美、哑特、华优、翠香等优良品种荣获国内外多项大奖，为陕西省争得了荣誉；猕猴桃种植四大技术和16项规范栽培管理措施，以及在全国率先制定出台的《猕猴桃鲜果分级销售标准》和《猕猴桃采收入库贮藏技术规范》的落实，使猕猴桃优果率达90%以上，深受国内外广大消费者的青睐；包装、运输、信息服务等门类齐全的配套

秦岭北麓的猕猴桃果园

产业，以及种植、贮藏、加工、花粉、营销、包装、电商等专业协会的建立，形成了相对齐全的产业链条，服务于产业发展的各个环节；1.13万户贫困户发展猕猴桃种植近4万亩，有“一村一品”猕猴桃示范村115个，其中省级示范村65个，以猕猴桃为载体的周至产业扶贫“六个全覆盖”经验，入选国务院扶贫办产业扶贫典型案例；独具特色的周至猕猴桃区域公用品牌宣传口号“周至猕猴桃，鲜甜自有道”“终南山下，道地好果”唱响国内外果品市场，果品销售网络遍及全国各大中型城市及俄罗斯、加拿大、泰国等26个国家和地区。

周至猕猴桃产业的发展，就是陕西省猕猴桃产业发展的缩影。它既是大自然给予人类美好馈赠的写照，也是一部现代农业励精图治的奋斗史、创业史。2000多年前，终南山下楼观台，老子啖苌楚，筑台讲述《道德经》；1000多年前，唐代诗人岑参题诗歌咏“中庭井阑上，一架猕猴桃”，白居易在芒水畔仙游寺品羊桃，著就史诗《长恨歌》；400多年前，李时珍《本草纲目》载：“其形如梨，其色如桃，而猕猴喜食，故有诸名。”……悠久的历史记载和厚重的文化积淀传承到今天，周至猕猴桃以种植面积最大、产量最高、品质最好、深加工能力最强、储藏能力最大的成绩单，成为名副其实的“中国猕猴桃之乡”。这些骄人成绩不仅仅是周至农业人的骄傲，更是陕西农业人的骄傲。周至猕猴桃正在用它独有的音符和旋律，谱写着一曲曲新时代的赞歌！

周至是陕西猕猴桃的一面旗帜，也是全国猕猴桃产业的佼佼者。衷心希望周至人不要满足于现有成绩，要不断开拓进取，勇于创新，在实施产业振兴中进一步深挖潜能，全面提升猕猴桃品质，打造世界级猕猴桃品牌，引领全国猕猴桃产业发展，让猕猴桃产业在全面推进乡村振兴中惠泽民生、造福百姓。

陕西省农业农村厅党组成员、副厅长

王韬

2021年4月

前言

在悠悠漫长的农耕文化长河中，有一个地方在不经意的40多年间，让猕猴桃从原始自然的野生状态走向精耕细作的广袤田间，让猕猴桃产业成为普通百姓勤劳致富的支柱产业。这个地方让猕猴桃名扬天下，走向世界，成为享誉海内外的“中国猕猴桃之乡”，它就是陕西省“现代农业强县”——周至县。

周至猕猴桃，鲜甜自有道。秦岭云雾的沁润滋养，成就了周至沿袭多年的猕猴桃种植历史。头顶“中国猕猴桃之乡”的桂冠，坚持科学种植，专注品种优选，让缠绕在藤间的果实，散发出更加浓郁的自然甜香。

周至猕猴桃，集国家农产品地理标志、地理标志保护产品和地理标志证明商标等荣誉于一身，果形丰润饱满，果肉酸甜多汁，富含天然营养，连续8年列中国果品区域品牌价值排行榜猕猴桃类第一名。“周至猕猴桃”如今已成为周至县农民群众增收致富的“金果子”和“摇钱树”。

人工栽培开创猕猴桃规模化生产新纪元

一颗鲜果，一份自然之爱。1978年至今，猕猴桃的栽培走过了43个春秋。是周至人民的农耕探索，是农业种植模式的有益创新，让猕猴桃结束了悠长的野生状态，走进了阡陌纵横的田间地头，走进了炊烟袅袅的百姓之家，走进了灯火阑珊的繁华都市。在1978年到1988年的10年时间里，周至县完成了“野生猕猴桃资源普查”和“猕猴桃品种选育”两项重大任务，实现了猕猴桃从野生状态到人工栽培的关键一跃。1989年，周至县委、县政府大力宣传推广猕猴桃栽植，全

秦岭脚下的猕猴桃园

县率先栽植3000余亩。1990年，《周至县猕猴桃发展"九五"规划》实施，大规模栽植猕猴桃在全县拉开序幕，1997年面积发展到10万亩，周至县成为全国最大的猕猴桃生产基地。1996年，周至县政府出台《关于发展猕猴桃冷藏加工企业的十项优惠政策》，鼓励猕猴桃贮藏库和加工企业发展。短短两年时间，全县兴建猕猴桃贮藏库63座、猕猴桃加工企业6家。至此，周至县成为全国最大的猕猴桃冷藏基地和加工集散地。一个面积最大、品种最优、产量最高、技术最佳、贮藏加工能力最强、销售体系最完善的全国猕猴桃示范基地赫然出世。

1986年，陕西省中华猕猴桃科技开发公司周至试验站张清明站长培育的"秦美""秦翠"两个品种问世，为猕猴桃大面积人工种植奠定了基础。随着农业产业结构的调整，周至县猕猴桃种植面积逐渐扩大，涌现出了司竹镇南司竹村、楼观镇周一村、马召镇群兴村、哑柏镇昌西村等猕猴桃专业村。周至猕猴桃产业链条，除了种植、贮藏、加工、销售四条主线外，相应的包装、运输等服务行业，也像雨后春笋般发展起来。

质量兴果吹响提质增效号角

1995年，周至县委、县政府鼓励栽植猕猴桃，提出了"一户一亩园，园园连成片，三年消灭空白点"的目标，全县猕猴桃产业呈现出突飞猛进的发展态势。2000年，声势浩大的"千人百队"下乡，查禁猕猴桃使用膨大剂行动在全县展开，数量兴果逐步退出舞台，质量兴果日渐成为产业发展的主旋律。

栽培管控的严格要求，为质量兴果提供了保障。早在猕猴桃栽培初期，周至县园艺蚕桑站就制定了《猕猴桃周年管理工作历》，这是全国最早的猕猴桃管理规范。1995年，陕西省技术监督局制定出台了《猕猴桃标准综合体》和《猕猴桃鲜果标准》。1997年，周至县猕猴桃管理办公室制定并推行了猕猴桃单枝上架、定量挂果、配方施肥、生物防治四大技术。随着技术的不断优化和更新，周至猕猴桃不断强化食品安全监管，产业持续稳定健康发展。1997年，周至县猕猴桃产业开发总公司申报并取得10万亩猕猴桃绿色食品认证。2008年，马召镇富饶村海沃德合作社和司竹镇龙泉村新兴猕猴桃合作社分别取得了猕猴桃有机产品认证。截至2020年，全县共有5600亩猕猴桃取得有机产品认证证书。

秦美猕猴桃

哑特猕猴桃

优良品种选育更新激发产业发展活力

强劲的品种选育能力和优良品种的推广，为周至猕猴桃产业持续健康发展提供了坚定支持。

20世纪80年代，陕西省中华猕猴桃科技开发公司周至试验站张清明站长选育的“秦美”成为当家品种，得以大力推广。到90年代，哑柏镇两河口村商慎明选育的“哑特”猕猴桃，以其果个大、甜酸适口而享誉猕猴桃产区，至今仍有栽植。2000年以后，马召镇崇耕村马占成选育出了“西选二号”猕猴桃，马召镇群兴村贺炳荣、贺友社父子选育出了“华优”猕猴桃，填补了陕西省黄肉猕猴桃品种的空白。2006年，由周至县农业局主导，周至县农业科学技术试验站选育的“翠香”猕猴桃，凭借果肉翠绿、香味浓郁、口感细腻、酸甜适宜的特点，成为国内猕猴桃最具竞争力的优良品种。近几年，陕西佰瑞猕猴桃研究院选育的“瑞玉”猕猴桃，干物质含量高，也是各地果农喜欢栽植的新优品种，深受市场欢迎。

30多年来，周至县还引进了“海沃德”“徐香”等猕猴桃品种，目前仍占有较大的市场份额；由西北农林科技大学选育的“农大郁香”，果肉细腻，风味独特，在周至果区也有大面积推广，后发优势日益凸显。

标准化管理铺就富民小康路

标准化管理技术是果品品质的有力保障。周至县在长期栽培实践中，不断探索，总结出架型改造、品种更新、土壤改良、通风透光、果园生草、化肥农药减量、增施有机肥等生产管理技术，同时重视果品生产、分级、储藏标准的推广应用，加大农业投入品的管控，大力推广“三品一标”标准化生产。

40余年的发展历程，让猕猴桃成为周至的立县产业，周至猕猴桃已经形成了完整的产业链条。在种植领域，几乎周至果区的每一个农民都是猕猴桃栽培技术能手，其中培养出技术骨干2000余人活跃在国内猕猴桃产区，为猕猴桃产业开展技术指导、提供技术输出；全县猕猴桃贮藏库2600多座，储存能力35万吨，加工能力达到10万吨以上；县内电商网点星罗棋布，快递物流快捷畅通，服务周到；周至县量身定制猕猴桃产业扶贫“产业发展、技术服务、资金扶持、助农保险、主体带动、电商助销”等6个全覆盖政策，带动1.13万户贫困户发展猕猴桃近4万亩，猕猴桃在助力周至县脱贫致富奔小康中发挥了关键作用。

丰收的翠香猕猴桃

建强品牌拓展渠道赢市场

品牌是产业发展的无形资源，品牌建设是一项系统工程。周至猕猴桃品牌正是在果树的生长、果实的品质、贮藏、加工、营销、宣传等一系列基础环节中建立起来的。不管是从1992年制定执行的《猕猴桃标准化栽培技术规程月历表》，到如今执行的《翠香猕猴桃栽培技术规程》《猕猴桃贮藏技术规范》《猕猴桃鲜果等级标准》等规程，还是在全国各大中型城市建立的周至猕猴桃直销店，都是为了最大限度保障猕猴桃果品高产优质，提高周至猕猴桃市场影响力。每年在全国各地举办的全方位、多层次的猕猴桃产品宣传推介活动，更是拓宽了周至猕猴桃外销市场和流通渠道，极大地提升了周至猕猴桃品牌的知名度、美誉度。“异美园”“大象果业”“悠乐果”“周一村”“北吉”等50余个猕猴桃注册商标成为陕西的知名企业品牌。全国果菜产业百强地标品牌、全国果菜产业十大最具影响力地标品牌、中国猕猴桃之都、中国绿色生态农业先进县、中国优秀果业品牌策划奖、中国农业品牌建设学府奖、中国果品区域品牌价值排行榜猕猴桃类第一位、全国绿色农业十大最具影响力地标品牌等一系列荣誉的取得，和周至猕猴桃区域公用品牌宣传口号“周至猕猴桃，鲜甜自有道”“终南山下，道地好果”的发布，使得周至猕猴桃唱响国内外果品市场，果品销售网络遍及全国各大中型城市和世界26个国家和地区。

周至猕猴桃的发展历程，承载着中国农耕文明进程中周至人民辛勤探索的创业史。在这本书的编撰过程中，由于时间紧迫、水平有限，不足之处在所难免，恳请大家谅解。同时，希望通过这本书，让更多的朋友，从猕猴桃这个不寻常的水果，来了解诗画周至的厚重历史和自然禀赋。通过访老子、拜财神、品小吃、探名胜、游周山至水、观太白云海，您会一途旅程、一途惊艳、一途收获。美丽的“金周至”欢迎您！

陕西省周至县农业农村局局长

2021年4月

目　录

C O N T E N T S

自然环境

周至建县2000余年，因“山曲为盩，水曲为厔”而得名，襟山带河，素有“金周至”之美誉，是西安市的西大门。2020年，全县辖1个街道19个镇，264个行政村，总人口69.94万人。周至县自然生态良好，森林覆盖率达66.7%，森林面积占西安市森林总面积的52%，是国家级生态示范县、中国天然氧吧、全国首批最具魅力生态旅游县、国家重点生态功能区和国家主体功能区建设试点示范县。境内水资源丰富，是西安市的主要水源地。

地理位置

周至县位于东经107°39′～108°37′、北纬33°42′～34°14′，南依秦

秦岭（周至）界碑

岭，北濒渭水，距西安市区78千米。县域东西长67.5千米，南北宽56.5千米，总面积2974千米^2。

秦岭界碑位于周至县板房子镇境内，界碑以南为长江水系，界碑以北为黄河水系。作家叶广芩曾说：“把一泡尿从秦岭界碑尿下去，一半从南山流到了长江，另一半从北山流到了黄河。”这句话形象地诠释了周至县南、北方气候兼容的特点。独特的气候孕育了秦岭丰富的动植物资源，形成了种类繁多、分布广泛的野生猕猴桃资源宝库，为猕猴桃品种的选育提供了取之不尽的种质资源。

秦岭是我国美味猕猴桃自然分布的北临界线，在秦岭周至段中自然分布最为集中。野生猕猴桃主要生长在土质肥沃的背阴处，向阳处少见。秦岭山中常见生长了几十年的猕猴桃大树，也不乏生长数百年的猕猴桃古树，其主蔓和分株蓬蓬勃勃覆盖半面山坡。骆峪镇山中，有连片近百亩的野生猕猴桃

周至县厚畛子镇老县城村

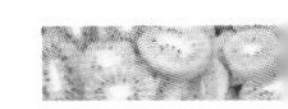

园，有些地方还有连片的猕猴桃雄树。

周至县猕猴桃种植主要集中在秦岭北麓至310国道以南的中间地带，其中以楼观和马召地区猕猴桃产量最高、品质最优，是周至猕猴桃的优生区。

科技人员在陆陆沟观察野生猕猴桃的生长情况

地形地貌

周至县地势西南高、东北低，山区占76.4%，山、川、塬、滩皆有，呈“七山一水二分田”的格局。北部是一望无垠的关中平原，土肥水美；南部是重峦叠嶂的秦岭山脉，是千里秦岭最雄伟且资源最丰富的一段。

周至县境内的平原地区为秦岭水系的山前堆积平原和渭河冲淤形成的沉淀地带混交而成，土质疏松肥沃，通透性好，是猕猴桃生长的最佳适生区。山区地形地貌复杂，是野生猕猴桃资源的天然宝库。从秦岭山中选育的秦美、翠香、华优等猕猴桃品种，成为全国市场欢迎的优良品种。

气候

周至县气候属温带大陆性季风气候，年平均气温13.2℃，年平均日照时数1993.7小时，无霜期225天。春季暖气团渐强，气温上升，降水增加；夏季天气炎热，暖湿气团凝云致雨，多雷暴，偶有冰雹；秋季连阴多雨；冬季气候寒冷干燥，气温低，降水少。受地貌影响，山原高差3000余米，高峰低谷，气候垂直变化明显，南北差异显著。山区属湿润地区，夏短而炎热，冬长而寒冷，夏秋低温多雨，春冬雪掩青山。平原属半湿润地区，四季分明，冬夏稍长，春秋稍短，日照充足，气温、降水年际变化大。总体来说，春季多风，夏季多伏旱，秋季多阴雨，冬季干冷少雨雪。

周至县平原太阳辐射总量109.68千卡/厘米^2，年际变化5—8月较大，季

节变化夏季最强。6—7月太阳总辐射每天430千卡/厘米^{2}以上。9—10月温度高，云雨多，日照少，总辐射锐减。周至县平原年平均气温13.2℃，1月最冷，月平均气温-1.2℃；7月最热，月平均气温26.5℃。深山区年平均温度7.4℃。

温度对猕猴桃生长的影响最为显著。夏季气温超过30℃时，猕猴桃易发生授粉不良而减产；超过35℃时，叶片、果实易发生日灼。冬季低于-15℃时，树体易发生冻害；低于-18℃时，可发生整株冻死而绝收。春季猕猴桃萌芽后，如发生倒春寒，可使猕猴桃幼芽冻死，严重时出现绝收。

猕猴桃适宜在年均气温≥10℃以上、无霜期200天以上、土壤有机质≥1%的地区生长，周至县平原地区基本符合以上条件，适宜猕猴桃生长。

土壤

周至县的耕地主要分布在北部平原区，部分分布在低山区，少量分布在秦岭中山地区。

虽然地貌上差异明显，从北到南平行排列着渭河滩地、阶地平原、黄土台塬、山前洪积扇和秦岭山地，但分布在北部平原区上的耕地面积最多，达40 610.50公顷，占全县耕地总面积的84.86%。耕地土壤养分含量较高，其中有效磷平均含量为26.35毫克/千克。土壤结构以团粒状和核状为主，土壤质地多为中壤，土体结构较好。山前洪积扇土壤中腐殖质含量丰富，pH中性偏酸，土质疏松，透气性好，非常适宜于猕猴桃的生长。

近年来，周至县果农通过果枝粉碎还田、增施有机肥，使土壤有机质由原来的不足1%提高到1.5%以上，猕猴桃生长越来越好。

水资源

周至县降水量趋势是由南向北递减，山区由低向高递增，表现为地区差

周至县平原一隅

异、年内变化、年际变化均大的规律。地区差异是：多年平均降水量山区为850.52毫米，平原为699.98毫米。从降水特点上看，夏季多以暴雨形式出现，雨日少，雨势猛，强度大，往往出现洪灾或伏旱；秋季常出现连日阴雨，雨日多，强度小，雨势缓。据气象资料记载30天最大降水量为563.9毫米，占多年平均雨量的66.26%，因此洪涝灾害比较频繁；冬春季节，雨雪稀少，多出现春旱。

丰富的秦岭水资源

周至县河流密布，素有“九口十八峪”之称，渭河、黑河等15条河流穿境，水资源丰富，总量为10.9968亿米^3/年。周至县秦岭北麓属黄河流域，1000米以上的峪沟52条，形成河流15条，其中主要有黑河、田峪河、骆峪河、就峪河4条河流，其流域面积100千米^{2}以上2条、50～100千米^2 6条、50千米^{2}以下7条。河流特点为山区部分河床陡峻，山谷高深，水流急湍；出峪口后河床比降变缓，水面扩散；流向呈东北方向，汇入渭河。县内秦岭南坡

周至县最大的人工湖——西骆峪水库

渭水河属长江流域。

近年来，随着渭河、黑河及小流域河流的治理，由河流引起的水害日益减少，但骆峪河在富仁镇一带仍有危害，给果农造成一定损失。

野生猕猴桃的分布

周至县约2200千米^{2}的秦岭山区，蕴藏着丰富的野生猕猴桃资源，品种资源优良独特，是取之不竭、用之不尽的天然基因库。周至县拥有猕猴桃种质资源120余个，是中国猕猴桃最大的种质资源基地，被认定为国家级野生猕猴桃保护区。

野生猕猴桃在周至县境内由浅山到深山均有分布，随着海拔的升高，分别是美味猕猴桃、中华猕猴桃、葛枣猕猴桃、软枣猕猴桃等种类，数量约100万架，年产量约500吨。

野生猕猴桃原生境

1979—1980年，陕西省农业厅、陕西省果树研究所组织实施“陕西省秦巴山区猕猴桃资源普查及利用研究”课题时，周至县园艺蚕桑站抽调技术骨干和工人组成30余人的野生猕猴桃资源普查队，对秦岭山中周至县区域内的野生猕猴桃资源的种类、分布规律、面积、株数、蕴藏量和年可收购商品量，以及发现的优株（系）逐沟逐果进行登记，为进一步的开发利用奠定了基础。

周至县园艺蚕桑站在野生资源普查中，对野生猕猴桃的水平和垂直分布状态、生态环境、雌雄株比例、共生植物、水土条件、物候期等诸多方面均有详细记录和描述。在资源普查中，发现有3个猕猴桃种，分别是美味猕猴桃、软枣猕猴桃、葛枣猕猴桃。

1. 美味猕猴桃

美味猕猴桃是中华猕猴桃的一个硬毛变种，在野生资源中分布最广、数量最多，株数占98%以上，产量占99%，生长健壮，发育良好。

美味猕猴桃

美味猕猴桃是猕猴桃科猕猴桃属大型落叶藤本植物。花枝多数较长，达15～20厘米，被黄褐色硬毛，毛落后仍可见硬毛残迹。叶倒阔形至倒卵形，长9～11厘米，宽8～10厘米，顶端常具有突尖，叶柄被黄褐色硬毛。花较大，直径3.5厘米左右，子房被刷毛状糙毛。果近球形、圆柱形或倒卵形，长5～6厘米，刺毛状硬毛，不易脱落，果皮绿色至棕褐色，单果重多在30～80克，少数可达100克以上。成熟期9月上旬至10月下旬，果肉绿色，极少量野生资源果心周围的果肉为红色。种子黑色或褐黑色，椭圆形，有纹。

美味猕猴桃分布于我国甘肃、陕西、四川、贵州、云南、河南、湖北、湖南、广西等省份，多生长于海拔800～1400米的山林地带；在周至县秦岭北麓的各个峪口都有分布，占周至山区野生猕猴桃的95%以上。美味系列猕猴桃中，周至县自主选育的主要品种有翠香、秦美、哑特、瑞玉等，引进其他地区选育的主要品种有海沃德、徐香、农大郁香等品种。

2. 软枣猕猴桃

软枣猕猴桃有以下两个变种：

变种一：紫果猕猴桃。枝叶果无毛，老枝光滑，每年秋冬季脱老皮，果无斑点，果皮光滑，成熟时皮、汁、肉紫红色，果皮可食用。果实长圆柱形，纵径4.3厘米，横径2厘米，平均单果重7.5克，最大单果重9.2克，果肉甜酸味美。在翠峰镇农林村第12生产队西沟、双柏树等地有零星分布，海拔1400米，相对高度400米，阴坡向北，坡度土层30厘米，土质黑沙土，pH 6.5，共生植物阔叶灌木。

变种二：陕西猕猴桃。枝蔓灰褐色至灰黑色，嫩枝绿色，密被黄绿色短

软枣猕猴桃

柔毛，髓部较大，白色，片层状，多年生，枝光滑无毛。叶片纸质，阔椭圆形或短卵圆形，不端正，长6～16厘米，宽6～11厘米，基部阔楔形、圆形或浅心形。先端有短突尖且多扭曲，叶腺呈波状、锯齿尖，贴生，叶面绿色较光滑，中下部分多卷曲柔毛，叶脉上柔毛更多，脉腋处有白色簇毛。叶背绿色，被卷曲柔毛，特别是叶脉上分布更多，脉腋多具白色簇毛，叶柄绿色或淡红色，长4.5～7.0厘米，略被柔毛，近基部长有白色粉状物。雌花黄白色，花药紫色。果实长圆卵形或圆柱状卵圆形，果实光滑无毛，果皮厚、紫红色，果顶微凸出，果蒂平，萼片脱落。单果重约2.1克，纵径2.2～3.3厘米，横径约1.7厘米，果肉紫红色，质地脆软，果心中大，汁液中等，风味清甜无香味。在竹峪乡泥浴河村山沟发现有零星分布。

3.葛枣猕猴桃

2年生枝深褐色，光滑无毛，细且硬，皮孔密圆形，白色或黄白色，节间长2.4～4.6厘米。叶片膜质或纸质，近卵形，长7.1～10.7厘米，宽4.6～8.9厘米，基部半截对称。先端渐尖，尾尖短，叶面绿色、无毛。主、侧脉色较叶色浅，不明显，无毛。叶绿锯齿小刺状，浅紫红色，外伸或内沟。叶背浅色无毛，叶柄绿色、光滑、无毛，粗约2毫米，长2.5～3.3厘米。花生于叶脉，白色或黄白色，花冠直径1.8～2.5厘米，花瓣5～6枚，卵圆形。子房瓶状或近圆形，黄绿色，无毛。花柱白色，18～20条，呈放射状排列，长4～5毫米。柱头白色，雄蕊20枚，花丝白色。萼片绿

葛枣猕猴桃

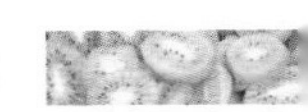

专家们对周至县野生猕猴桃原生境保护区内野生资源进行普查

色，近圆形，宿存，花梗长5～15毫米，中间有节，花有香味。

葛枣猕猴桃果实近长扁椭圆形或扁锥体形，果皮绿色或黄绿色，被白粉，光滑无毛，无果点。果顶钝尖圆，且果喙较长。果肩近平截或圆形。萼片5裂宿存，大于果肩，椭圆形，绿白色，两边无毛。果梗绿色、光滑无毛，粗约2毫米，长约1.8厘米。果实纵径约3.4厘米，横径约2.1厘米，单果重约7克。果肉杏色，汁多，果心较大，黄色。种子褐色，扁椭圆形，长1.5～2.0毫米。在翠峰镇农林村第12生产队东沟、南车峪沟有零星分布，海拔1400米，相对高度350米，坡60°，阴坡，与阔叶灌木共生。

2008年，周至县农业科学技术试验站在骆峪镇串草坡村设立了陕西省周至县野生猕猴桃原生境保护区，保护点位于东经108°02′～108°06′、北纬33°59′～34°03′，海拔962～1721米。保护区面积9480亩，其中核心区面积2850亩、缓冲区面积6630亩，保护区内有野生猕猴桃230余架。在保护点核心区设置了15个监测样方点，长年对野生猕猴桃的分布、生长情况进行日常监测记录，在野生猕猴桃资源的展叶期、开花期、果实生长期进行重点监测记录，并对有发展潜力的野生猕猴桃资源采集接穗，并进行迁移保护。

猕猴桃生产布局

2007年3月5日，国家质检总局批准对周至猕猴桃实施地理标志产品保

护，保护范围为周至县楼观镇、司竹乡、马召镇、哑柏镇、二曲镇、终南镇、尚村镇、九峰乡、集贤镇、辛家寨乡、富仁乡、四屯乡、侯家村乡、青化乡、广济镇、竹峪乡、翠峰乡、骆峪乡18个乡镇所辖行政区域。

2018年9月5日，农业农村部批准对周至猕猴桃实施农产品地理标志登记保护，划定的地域保护范围是周至县所辖二曲街道、尚村镇、终南镇、九峰镇、集贤镇、富仁镇、楼观镇、马召镇、司竹镇、四屯镇、哑柏镇、青化镇、广济镇、翠峰镇、骆峪镇、竹峪镇、陈河镇、板房子镇、王家河镇、厚畛子镇共计20个镇（街道）376个行政村，地理坐标为东经107°39′～108°37′、北纬33°42′～34°14′。

周至县秦岭北麓的平原区域，均适合种植猕猴桃。2020年，全县种植面积43.2万亩，约占全国的15%、全球的12%；年产鲜果量达到52万吨。

周至县现有20个镇（街道），厚畛子镇、板房子镇、陈河镇、王家河镇等山区四镇及沿山的九峰、集贤、楼观、马召、广济、骆峪、翠峰、竹峪等镇的浅山区，均有野生猕猴桃的分布；秦岭北部的平原区均为人工栽培的猕猴桃。据周至县农业农村局2019年果业面积种植调查统计显示：猕猴桃种植面积最大的是楼观镇（58 607.41亩）、终南镇次之（28 586.67亩），全县形成了以猕猴桃为主导的农业产业布局。

1986年栽植的秦美猕猴桃老树依旧硕果累累

人文历史

周至县原名盩厔县，地处陕西关中西部，北部是一望无垠的关中平原，南部是重峦叠嶂的秦岭山脉。唐李吉甫《元和郡县图志》记载："山曲曰盩，水曲曰厔。"1964年，依据国务院颁布的《简化汉字总表·附表》，改"盩厔县"为"周至县"。

周至县是一个传统的农业、文化、旅游资源大县，2020年全县面积2974千米^2，人口69.94万人。县域人杰地灵，物阜民丰，文化有厚度，生态有纯度，资源禀赋丰富，是闻名全国的中国猕猴桃之乡、华夏财神故里、中国天然氧吧县、中国营商环境质量十佳县，还是老子讲述《道德经》、诗人白居易和李商隐任职县尉的地方，也是西安市的水源地和生态屏障，自古以来就有"金周至"之美誉。几千年来，周至呈现给世人的是最美的一段秦岭，最清澈的一湖芒水，最诗意的一幅田园风光，最人文的一叠历史记忆，是名副其实的"关

楼观台老子像

中文柢、丝路绿谷、天下福地、猕猴桃之乡”。

关中文柢

关中文柢，是周至县厚重人文的意境表达。

文化是周至县的灵魂和生命力。周至县丰富的文化资源和深厚的文化积淀，承载了周、秦、汉、唐文化的精髓，具有原始性、独一性、兼容性和不可复制性。以老子文化、道教文化、财神文化等为代表的传统文化博大精深，以集贤鼓乐、军寨道情等为代表的传统民俗文化种类繁多，以青山索姑文化、当代猕猴桃文化等为代表的特色民俗文化方兴未艾，以《道德经碑》《大唐宗圣观记碑》《大秦景教流行中国碑》等为代表的文物遗存资源弥足珍贵，以骆明、老子、财神赵公明、海内鸿儒李颙等为代表

音乐活化石——集贤鼓乐

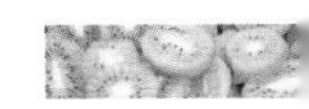

的文化名人资源效应极其明显，以《道德经》《长杨赋》《长恨歌》等为代表的文学艺术资源硕果累累。

此外，优美娴静的山水文化引人入胜。在这段最美、最富于传说的秦岭北麓，集合了最幽深的意境，众多的富有灵性的大山、大水、大生态意趣融合，承载着周至实现跨越的千年梦想，也是对周至人文形态的完美推介，更代表了周至群众高尚的精神追求，这是一种厚重人文的意境表达。

丝路绿谷

中华财神——赵公明

丝路绿谷，是周至县建设生态文明的精神阐释。

周至县作为皇家园林，自秦始之（上林苑始建于秦代），至西汉时期达到顶峰。由于汉武帝刘彻对盩厔（今周至）境内的长杨宫、五柞宫情有独钟，为了加强管理，便在两座行宫所在地置县。

截至2020年年底，全县森林面积达到19.02万公顷，较新中国成立初期增加1.97万公顷，森林覆盖率达到66.7%，空气中负氧离子达1000个/厘米^3，年空气优良天数超过70%，成功创建“中国天然氧吧”。周至域内秦岭北麓大小峪口52个，形成黑河、田峪河、骆峪河等较大河流15条，年径流量近10亿米^3，向西安市区供水3.05亿米^3/年，是西安市的主要水源地。统筹推进山水林田湖草一体化发展，黑河、渭河沿岸近年来新增绿化面积3066.8亩、恢复生态水面297亩，黑河万亩湿地芦荡和渭河百里生态长廊成为鸟类的栖居地和群众休闲娱乐的打卡地。

秦岭主峰拔仙台海拔3767米，是中国大陆青藏高原以东第一高峰。1974年，陕西省生物资源考察队调查周至县林区有金丝猴909只、金毛扭角羚牛506头，当年向北京动物园赠送羚牛幼仔一头。1988年，因生态环境优越，周至自然保护区晋升为国家级自然保护区。1993年，林业部批准在周至县楼观镇成立了陕西省珍稀野生动物抢救饲养研究中心，被称作“秦岭四宝”的大熊猫、金丝猴、羚牛、朱鹮开始有了系统化保护。2017年10月，占地面积639千米^{2}的国家级特大型综合植物园——秦岭国家植物园一期建设竣工。植物园海拔落差达2000多米，全部建成后将是世界上面积最大、植被分带最清晰、最具自然风貌的植物园之一。独叶草、太白红杉等中国特有的濒危植物在这片被誉为“生物基因库”的土地上繁衍生息。

青山绿水是周至县的起点，也是周至人生生不息的永恒之源。按照“保护优先、突出特色、生态融合、持续发展”的原则，周至县大力度、多角度、深层次承续和弘扬传统文化，依托道德浸润，构筑精神高地，形成一个充满文化能量与生命活力的新时空，铸造人们思归的生态家园。

天下福地

天下福地，是周至县聚焦文化的历史境像。

“一座秦岭山，半部中国史。”秦岭作为中国南北地理的分界线，横贯甘肃、陕西、河南三省，绵延1600千米，而终南山无疑是其最核心的部分。古人云：“关中河山百二，以终南为最胜；终南千峰耸翠，以楼观为最名。”周至县拥有世界建筑遗产1个，国家森林公园2个，国家植物园1个，国家重点文物保护单位3个，省级风景名胜区1个，省级森林公园1个，自然保护区3个；保护基本良好的寺庙、宫观12个，古建筑、古遗址、古墓葬、石刻等各类文

中国第一水街——周至沙河湿地公园

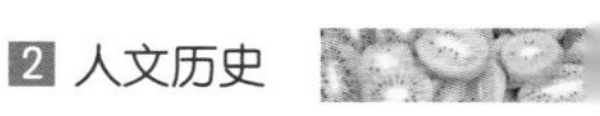

物景点320多个，馆藏文物4000余件。同时，旅游资源分布密集，主要集中在秦岭北麓一线，从东至西横贯周至县全境。多数资源以人文景观和自然景观相融合，互为补充和衬托，适合于生态观光和休闲旅游等多种旅游开发，具有广阔的发展潜力。

楼观台，又称“说经台”，位于周至县城东南15千米的终南山北麓。史学界认为，楼观台最早可追溯至西周时期。曾任函谷关令的尹喜结草为楼，观星望气，静思至道，所以称为“楼观”。老子西行至函谷关，尹喜辞关令之职，迎老子至古宅楼观，执弟子之礼。老子乃讲述《道德五千言》授之。现今的说经台就是当年老子讲经授道之坛，即《道德经》的产生地。德国思想家卡尔·雅斯贝尔斯在《历史的起源与目标》中记载，“老子是轴心时代中华文明的伟大精神导师”。据史料记载，楼观台先后留下了60多位皇帝拜谒祭祀的足迹，是封建帝王参访最为集中的道教圣地，素有“天下第一福地”和“仙都”之称。

仙游寺位于周至县城南17千米的黑水峪口，据《周至县志》记载，始建于隋开皇十八年（598）。唐元和元年（806），时任盩厔县尉的白居易与友人陈鸿、王质夫同游仙游寺。三人谈及“安史之乱”时，王质夫趁着游兴，鼓励白居易：“乐天深于诗，多于情者也，试为歌之，何如？”于是，白居易写下了《长恨歌》，陈鸿同时写下《长恨歌传》。1998年，因建黑河金盆水库，仙游寺搬迁，按“修复如旧，延续历史”的原则，工作人员用拍照、绘图、逐层

《长恨歌》的诞生地——仙游寺

编码的方法，对全塔52万块110种不同类型的砖进行了拆卸。考古人员还在法王塔下依次找到天宫、地宫，并发掘出唐代大画家吴道子的真迹石刻、隋代安置的仁寿舍利。2003年，复建后的法王塔重新屹立在仙游寺新址的西侧；同年，古塔下方的黑河金盆水库开始为西安市区供水。

宗教是一种文化，山水是一种文化，旅游也是一种文化。用文化的眼光和思维去统筹发展，周至县的特色就十分显著。在这个浸染了几千年传统精髓的京畿之地，文化显得特别厚重。乡村振兴，文化是灵魂，生态是基石，将“以耕读文化为魂，以优美田园为韵，以生态循环农业为基，以朴素村落民居为形”，改变前进方式，开拓周至发展之势，是对周至县乡村振兴事业一次灵魂与目的的洗礼，一次九凤朝阳的图腾，一种升腾的强烈追求。新时代，必有大作为。随着楼观道文化展示区、秦岭国家植物园、沙河湿地公园、乐天公园、美丽乡村等一批项目的相继建成，周至县与新时代追赶超越思路碰撞在一起，必然会演绎出一台丰盛的文旅大戏和乡村振兴的饕餮盛宴。

猕猴桃之乡

周至县素有“中国猕猴桃之乡”的美称，猕猴桃产业的发展给当地群众创造了物质财富的同时，也丰盈了精神财富，积淀了文化底蕴。这些极具创造力、生命力的文化符号是周至猕猴桃产业发展的不竭动力。

1.唐代诗人岑参及其猕猴桃诗

唐诗是中华文化中一颗璀璨的明珠。唐代诗人岑参在一次巡游时无意中把猕猴桃写进诗里，使今天的人们能够领略到周至猕猴桃的辉煌历史。天宝十年（751），岑参从外地做官回到长安，和李白、杜甫、高适等同游，深感民间有许多可歌的事情，于是他一方面勤于王事，另一方面寻访奇人异事。一天，他听说在太白东溪这个地方，有一位姓张的老人已经一百岁了，在一个深秋的雨后他前去拜访。入山的道路是艰难的，沿着一条曲折的溪流，他终于找到张老翁的院子。走进院子，看到院子的一角有一架猕猴桃，毛茸茸的果实还挂在树上。和老人探索长寿的秘诀时，老人很谦逊地说长寿没有什么秘诀，唯经常劳动而已。吃饭的时候，主人用新米做饭，从酒瓮中舀出新酿的酒请客人喝。岑

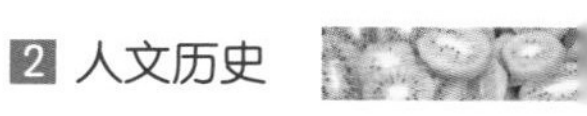

参似乎悟到长寿的根本，欣然提笔写下了这首《太白东溪张老舍即事，寄舍弟侄等》：

渭上秋雨过，北风何骚骚。
天晴诸山出，太白峰最高。
主人东溪老，两耳生长毫。
远近知百岁，子孙皆二毛。
中庭井阑上，一架猕猴桃。
石泉饭香粳，酒瓮开新槽。
爱兹田中趣，始悟世上劳。
我行有胜事，书此寄尔曹。

在浩如烟海的各种典籍中，独有这一首诗明确地记载了猕猴桃从野生到人工栽培的过程。也因为这首诗，猕猴桃再也不是野生的自生自灭状态，它可以人工栽培了。这是一首划时代的诗歌，一个中国猕猴桃发展史上的铁证！

那么，太白的东溪如今又在哪里呢？百岁老人住在太白山东边的溪水旁，在相当长一段时期内，太白主峰都在周至县境内。从“渭上秋雨过”这一句诗中，知道岑参是从渭河而来，正值秋雨刚过、秋高气爽之时，站在山外，太白顶峰显得高大而清晰——这在今天的视觉上仍是这样。太白山的东边是周至县、西安市鄠邑区（旧称户县），但站在这里看太白主峰，能看到的区域极其有限，更何况古代就有“从周至到户县，七十二道河脚不干”的说法，所以，如果用太白东溪的地标去说户县，显然有点牵强附会了。眉县在太白主峰的西面，自然更不能说是东溪了。因此，这首诗记述的东溪应该是在周至县境内，大约是发源于太白山主峰拔仙台东南两侧、流域全在周至县境内黑河的一条支流。

国画《寿星图》（贺荣敏绘、贾平凹题）

因此，可以说周至县引种栽培猕猴桃的历史可以追溯到唐代，这是周至人的骄傲！

周至县猕猴桃主题公园

2. 周至县猕猴桃主题公园

周至县猕猴桃主题公园位于马召镇，是由政府打造、企业出资实施的大型猕猴桃园区。园区南北横跨107省道环山旅游路，占地面积10 050亩。园区是以公园元素为主的建设风格进行规划的，分为五个小区：办公区、生产示范区、科研开发区、旅游观光区、休闲娱乐区。项目建成后，园内纵横成方，冬天宛如巨大的琴弦，夏天绿荫覆盖撑起一片阴凉，科研成果引得全国各地纷纷参观取经，观光农业引得城里人前来采摘认购。周至县猕猴桃主题公园在全国有较高的声誉，各大媒体纷纷报道。2011年周至县猕猴桃主题公园被评为省级农业示范园，是国内首个猕猴桃主题公园。

3. 猕猴桃产业致富建起小别墅

1998年是周至猕猴桃产业规模化种植之后的第九年，刚刚因猕猴桃富起来的农民不再满足“一砖砸”的三间大屋的住宅结构，向往三间两层或更为别致的住宅风格。由于受宅基地的限制，司竹镇南司竹村和马召镇群星村富裕起来的农民纷纷向镇政府反映建房的要求，希望政府在新的形势下能改变原来规划的住宅面积，以适应新的住宅要求。

司竹和马召两镇把这个新问题向县里进行了反映。县里当即派人员进行调查，发现有这样要求的群众还比较多。之所以出现这种情况，是因为南司竹村和群星村是周至县第一批种植猕猴桃的专业村，村民卖猕猴桃都有五六年了。特别是1995—1997年，村民种植的秦美猕猴桃出园价在8～10元/千克，1亩猕猴桃按产量2500千克计，少说也收入2万元以上。这和种粮食作物相比起来是很诱人的产业，而拥有改变住宅要求的农户少说也有十几万元存款甚至更

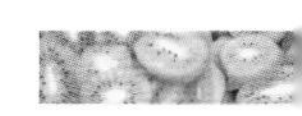

1998 年司竹镇南司竹村果农的小别墅

1998 年马召镇群兴村果农的小别墅

多。周至县政府认为农民因产业致富是社会的进步，标志着农民的观念在发生着变化。于是研究决定放宽住宅面积，建立集中连片的别墅群，以激发农民种植猕猴桃的积极性，发挥产业的巨大带动作用。

同时，把别墅群的建设纳入镇政府的工作目标。经过专业部门的规划，利用一年时间，建起了南司竹村和群星村的别墅群。别墅群的建立，在全县上下引起了强烈反响，果农们纷纷前来参观，很快掀起了种植猕猴桃的热潮。

4. 猕猴桃诗赋

猕猴桃产业成为周至县的立县产业后，猕猴桃也已经成了周至县的文化名片。2013年周至县果业发展管理局联系《周山至水》编辑部，计划出一期猕猴桃特刊。编辑部多次召开猕猴桃界和文化界的会议，商讨特刊的构架和编辑工作。大家一致认为：应该让周至县的文化名人张居仁先生撰写一篇《周至猕猴桃赋》。张居仁老师构思数天后一挥而就，完成了这篇赋作。一时间，县里纷纷传颂。

周至猕猴桃赋

张居仁

猕猴桃为华夏古老物种，披览典籍，于史可征。诗经桧风，曾留隰有苌楚之咏；唐季岑参，喜赋东溪井阑之诗。廿世纪初叶，猕猴桃越洋跨海，落户岛国新西兰。大洋一陬，崛起新兴产业。第四代水果，荣膺维C之冠；可健康美容，一时风行寰海。奇异果之名，不胫而走；于环球市场，独领风骚。孰料神州美果，香逸域外；合当恢弘故物，实至名归。秦岭山区，物种资源丰富；沟壑巉岩，蕴藏天然佳种。踏遍青山，科技工作者不辞辛苦；千淘万漉，经年奔波中遴选优株。披沙拣金，秦美脱颖而出；风起云涌，川原遍地开花。沃野平畴，天然适生区域；雄山秀水，铸就特色果乡。

20年间发展历程，波诡云谲；43.2万亩种植规模，石破天惊。中国猕猴桃之乡，美名驰誉遐迩；年产53万吨鲜果，行销国内外市场。规模化产业格局形成，效益彰显；规范化生产规范落实，格调升华。品种配合，早、中、晚分期应市；果肉风味，红、黄、绿色彩纷呈。专业合作社，应运而生；一条产业链，悄然延伸。深加工增值，拓展产业发展空间；多样化产品，满足城乡消费需求。因产业强劲拉动，社会化服务企业水起风生；冷库群鳞次栉比，拥有25万吨存容量，有效延长货架期；加工企业四十多家，年吞吐鲜果八万吨，提高果品转化率。

金周至以山青水美优良生态环境，搭建起猕猴桃产业发展平台。金桃兴县，已成为全社会广泛共识；绿色品牌，正漂洋过海走出国门。热土一方，构筑起全球最大优质猕猴桃生产基地；来风八面，正面临世界严峻竞争商业化发展潮流。时不我待，唯创新方蕴生机；良机难逢，靠睿智把握全局。瞻望锦程，百尺竿头尤须努力；大有可为，希望田野溢彩流光。

万亩猕猴桃基地

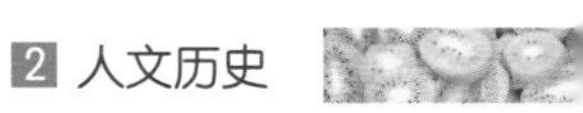

又逢金秋九月，清风送爽；果乡盛大节日，美果飘香。弥望绿海田田，藤架枝头硕果累累；遥听浓荫深处，欢声笑语秦歌飞扬。千车络绎，满载绿色珠玉；临风相送，四海馈赠芬芳。方兴未艾，周至人开辟甜蜜事业；播玉流金，金周至这块神奇土壤！

多年来，文人墨客留下了众多歌咏周至猕猴桃的诗文。

咏周至猕猴桃

李泉海

（一）

疑似瑶池落彩霞，果乡无处不飞花。

蜜蜂发布丰收讯，浩荡东风报万家。

（二）

青牛紫气幸楼观，玉露金桃醉大仙。

归去齿颊香九载，熄炉弃鼎不求丹。

（三）

斗转星移丝路新，说经台下杼如琴。

万千织女飞梭手，织就家山锦绣春。

秦岭脚下的猕猴桃园

5. 猕猴桃书法

周至猕猴桃产业经过40多年的发展，为全县人带来了幸福美好的新生活，这种现象激发了周至书画家纷纷挥毫泼墨，运用书画抒发豪情。每年春节，周至县文化部门都举办大型书画展，颂扬猕猴桃给周至人带来的幸福生活。

赵越书法作品

周明书法作品

傅秉春书法作品

庞春茂（云轩）书法作品

李下蹊书法作品

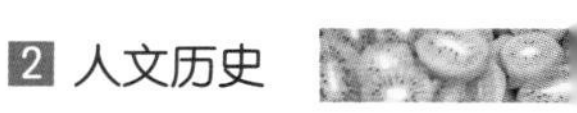

6. 咏唱猕猴桃的歌

歌以咏志，猕猴桃产业如火如荼的发展，激发了周至县内艺术家创作的热情。以青年词作家张攀峰为代表的艺术家们创作了一大批抒写猕猴桃的歌，在各种场合传唱，为宣传周至猕猴桃插上了翅膀。

醉美猕猴桃

（独唱或合唱）

1=F 4/4 抒情地、赞美地

张攀峰 词
常继红 曲

看你一眼 就 满怀幸 福，尝你一口 就 心跳加 速，八云塔
看你一眼 就 心潮起 伏，尝你一口 就把 幸福锁 住，
看你一眼 就 开心快 乐，尝你一口 梦想 不再寂 寞，
祥云暖心窝，黑 河 水 流 淌 甜蜜歌。致富路 上
拳腔歌 舞
激起相思漩 涡，万亩毛桃园 在 画中写就。啊
汇成盛世欢 歌，中国猕猴桃之乡 威名远播。
美 丽的金周至，啊 美 丽的金周至，山欢 水笑 总在诗画里，
如歌 的岁 月 一 直在心里流 淌，我 为丰 收的猕猴桃
再次深情歌唱。啊 再次深情歌唱。

D.C.

歌曲《醉美猕猴桃》

猕猴桃园是我家

1=E 4/4

张攀峰词
赵全会曲

黑 河 流 水 哗 啦 啦，流 过 猕猴桃园
黑 河 流 水 哗 啦 啦，流 过 猕猴桃园
流过我的 家，春 天到来 花千 树，万 亩果园 美如 画，
流过我的 家，秋 天到来 果满 枝，万 亩桃园 连一 家，
蝴蝶翩翩舞 蜜蜂吻桃 花，人 在画中 走，
硕果迎人笑 心里乐开 花，喜 怀庆丰 收，
天空映彩 霞，哎 哎
歌声飞天 涯，哎 哎
都 说这里 是仙 境，其 实这是我的 家，猕猴桃园是 我
都 说这里 是天 堂，其 实这是我的 家，猕猴桃园是 我
家，
家，

歌曲《猕猴桃园是我家》

7. 猕猴桃绘画

从萌芽、展叶、现蕾、开花、形成幼果直至果实成熟，猕猴桃生长过程独具美感。周至县本土画家在猕猴桃园就地取材，描绘硕果累累的猕猴桃丰收景象。那一幅幅猕猴桃绘画，最能体现周至猕猴桃从业者的时代风貌与精神内涵。

杨俊宇国画作品《果圣》

张占江国画作品《金果飘香》

王耀禅国画作品
《猕猴飘香金周地》

孟广先国画作品
《秦美溢香》

8. 猕猴桃剪纸

周至楼观剪纸历史悠久，文化底蕴深厚，有着鲜明的地方特色，是周至县剪纸最为活跃的地区之一，也是陕西省非物质文化遗产。楼观镇作为周至县猕猴桃种植面积最大的镇，写实的猕猴桃剪纸造型生动，做工精巧，人见人爱。

吕孔雀剪纸作品《硕果累累》

吕孔雀剪纸作品《猕猴桃丰收的喜悦》

生产管理

周至县是全国最早开展猕猴桃人工栽培的地方，从1978年第一次全县野生猕猴桃资源调查后，就开始了优良品种选育与栽培方式的探索。多年来，周至县始终把发展猕猴桃产业作为立县富民的主导产业进行规划和部署，形成了主辅品种层次分明、红黄绿果肉色彩各异、早中晚熟合理搭配的多样化产业格局，在品种选育、技术管理、贮藏加工、社会和经济效益等方面均取得了骄人成绩。

生产发展历程

从1978年到1988年，周至县园艺蚕桑站在黑河东岸建立陕西省中华猕猴桃科技开发公司周至试验站，对山区普查的20余个优良单株做观察记录，1986年选育出了秦美、秦翠等品种。在架型配套上，从最初的竹竿、木头搭

早期推广的猕猴桃T形架

架，设计出水泥杆材质的T形架，高度为1.8米，便于生产操作；株行距设置为3米×4米，雌雄树比例为8∶1。通过10多年不断试验探索，完成了从品种到架型及栽培技术的积累，人工栽培条件初步完备。

1989年，周至县吹响了大力发展猕猴桃产业的号角。周至县委、县政府率先在司竹、马召、哑柏、楼观等4个乡镇开展栽植试点，出台了免费发放种苗、种植补助等一系列激励政策，当年栽植3000亩。从1988年至1998年，周至猕猴桃产业进入第一个快速发展期。1992年成立了周至县猕猴桃开发领导小组办公室，县委、县政府出台了《周至县猕猴桃产业发展“九五”规划》。在技术上，1992年组织编写了《周至县猕猴桃标准化栽培技术规程月历表》；1994年总结出栽培技术要点，并形成生产操作规范。围绕猕猴桃主导产业，大力配套贮藏、加工企业，全县冷库建设蓬勃发展。截至1998年，周至县猕猴桃栽培13万亩，建成了全国最大的猕猴桃生产基地；共建贮藏冷库63座，加工企业6个，完整的猕猴桃产业体系基本建成。周至县从此成为全国栽培面积最大、产量最高、技术最优、冷藏库容最大、加工能力最强的猕猴桃标准化管理示范县。

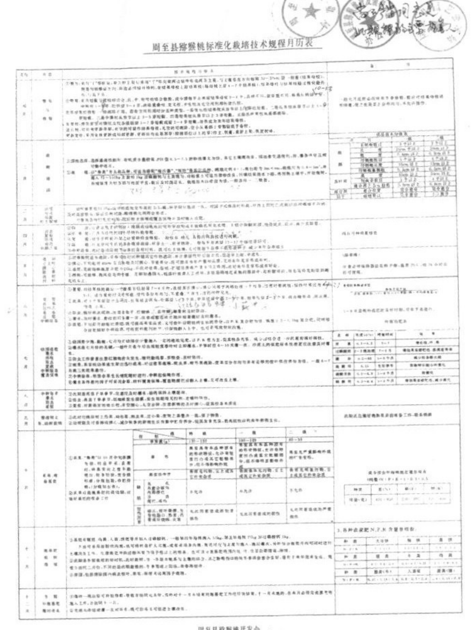
周至县猕猴桃标准化栽培技术规程月历表

周至县猕猴桃开发办
周至县农业委员会　合编
周至县园艺蚕桑站

1992年的《周至县猕猴桃标准化栽培技术规程月历表》

1999—2008年是周至猕猴桃产业最为艰难的时期，持续低迷的市场价

格及猕猴桃溃疡病的爆发，使整个猕猴桃产业举步维艰。周至县委县、政府以查禁膨大剂、高接换头为切入点，改品种、提质量，开始了由数量兴果向质量兴果的转变。2007年，周至县在马召镇富饶村、纪家村，楼观镇界尚村、周一村，终南镇大庄寨子村，广济镇南陈村，分别建立了翠香、海沃德、红阳、黄金果、华优等6个千亩示范基地，以示范基地带动品种更新。

2002年7月县农业局干部示范推广猕猴桃套袋技术

2009—2018年是周至县猕猴桃产业规模急速扩张的第二个高峰期。优良的品种、可靠的质量为周至猕猴桃赢得了更广阔的市场，良好的产业效益在全县迅速掀起了种植热潮，周至猕猴桃产业进入发展快车道。2009年栽植规模发展到21万亩，2018年扩展到42.3万亩。尤其是翠香、华优、瑞玉等本地优良品种的出现，进一步优化了猕猴桃产业品种结构，形成了翠香、红阳、秦美、哑特、华优、海沃德、瑞玉等早中晚熟搭配合理、绿黄红果肉色彩各异的特色鲜明的品种布局。

2009—2012年，周至县在马召镇建立了万亩猕猴桃主题公园，集猕猴桃生产展示、科普、休闲观光于一体。

2016—2020年，周至县委、县政府对猕猴桃产业经过综合评估，提出了提质增效的新方向。通过顶层设计，强化产业薄弱环节，从一二三产业全面发力，切实增强了周至猕猴桃综合竞争力。从架型改造、品种更新、土壤改良、水肥一体化等方面加强老园区的改造提升；加快技术集成，组织编写了《翠香猕猴桃栽培技术规程》《猕猴桃贮藏技术规范》《有机猕猴桃栽培技术规程》等西安市地方标准5个，全方位规范生产行为；集中打造冷链物流配送中心，建成大型千吨冷库37座，大大提升了贮藏能力和质量；加工企业开发出猕猴桃果晶、脆片等经济效益更高的产品。截至2020年，全县猕猴桃栽培面积已达43.2万亩，年鲜果产量53万吨。

猕猴桃管理四大技术

1997年，为了使全县猕猴桃种植有明确的目标性和方向性，周至县猕猴桃管理办公室制定并推行了猕猴桃管理四大技术和猕猴桃栽培16项管理技术措施，指导全县猕猴桃生产。猕猴桃管理四大技术分别是单枝上架、定量挂果、配方施肥、生物防治。

1. 单枝上架

栽植密度因果园地势、土壤、肥水条件、品种特性和架式不同而异。目前多采用株行距3米×4米，亩株数55株。每株留单主干，高度达到1.6米摘心定植，选留侧枝2～3个作为永久主蔓，从T形小棚架或平顶大棚架的架面中央向相反两个方向引缚上架，永久性主蔓每隔40厘米选留一个结果母枝，在结果母枝上约30厘米选留结果枝。枝干交错排列，分布均匀。

2. 定量挂果

猕猴桃现蕾后，分批疏除，不仅可以节约树体养分，而且可以降低劳动强度。花蕾期，可摘取顶端和基部的花蕾，保留中部的花蕾，双蕾、三蕾和过于拥挤的花蕾都要摘取。一般盛花后2周左右开始疏果，首先疏去畸形果、伤果、小果、病虫害果等，保留果柄粗壮、发育良好的正常果；其次根据结果枝生长情况确定留果数量，盛果期架面留结果枝1.5个/米^2，生长健壮的结果枝留4～5个果、中庸枝留2～3个果、短果枝留1个果，留果30～40个/米^2。

3. 配方施肥

土壤测定：测定内容为pH、有机质、碱解氮、速效磷、速效钾，测定时间为10月中旬果实采收后，测定方法为常规测定法。

配方施肥指标：根据猕猴桃营养成分测定，每生产100千克猕猴桃需氮（N）0.5千克、磷（P_2O_5）0.3千克、钾（K_2O）0.5千克。结合县域土壤特点，肥料中氮的利用率为30%、磷的利用率为22%、钾的利用率为50%，实际生产100千克猕猴桃需施肥量为氮1.67千克、磷1.3千克、钾1千克，配比为氮：磷：钾=1：0.8：0.6。

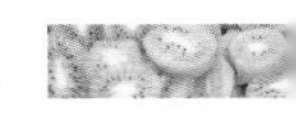

配方施肥技术：在对果园土壤和植物营养进行测定、诊断的基础上，根据目标产量确定施肥数量、种类和施肥方法。坚持以有机肥为主，化肥为辅，有机氮：无机氮为1：1；根部追肥为主，叶面喷肥为辅，加强微生物肥料的应用；大量元素为主，微量元素为辅。基肥在采果后至落叶前施入农家肥、生物有机肥和氮肥的20%～30%、磷肥的60%～70%、钾肥的25%。追肥在萌芽前施入氮肥60%、磷肥20%，果实膨大期施入钾肥75%、氮肥和磷肥各10%～20%。

4.生物防治

为减少果品农药残留，提高果品质量，在病虫害防治中，以生物方法为主，配合物理方法进行综合防治。以微生物（植物）源农药代替化学农药，利用昆虫的趋光性采用频振杀虫灯和粘虫板进行捕杀，或利用趋化性用昆虫生长调节剂进行诱杀。

猕猴桃栽培16项管理技术措施

1.起垄栽植

栽植带高出地面30厘米，垄上栽培，随根部扩展垄的宽度，在增加土层厚度、增加根部透气性的同时，又可有效防涝。

猕猴桃园区起垄栽培

2.高接换头

准备高接换头的果园，冬剪时在主蔓上留5～8个要嫁接的枝条，主干老化的可选留根部健壮的萌蘖枝，在架面下15～30厘米处平茬。立春后至4月中旬进行硬枝嫁接。

3.一主两蔓

树形一主杆上架，架下20～30厘米左右留两条主蔓，分别沿中心牵引丝反方向伸展，主蔓两侧每隔30厘米左右留一强壮结果母枝，结果母枝与行向呈直角固定在架面上。

猕猴桃一主两蔓树型

4. 多芽少枝

冬季修剪时，架面结果母枝尽量多留芽（长放）、少留枝，根据目标产量确定留芽量，以芽定枝。

5. 外控内促

严控外围枝梢，早摘心，促进内膛萌发发育枝，平衡营养生长和生殖生长的关系，使预备枝与结果枝分层培养。

6. 疏蕾疏果

果农在疏蕾

以疏蕾为主、疏果为辅，定果定产。花蕾自侧花蕾分离2周左右开始疏蕾，先将枝条上侧花蕾、畸形蕾、病虫危害蕾全部疏除。一般强壮的长果枝留5～6个花蕾，中庸的结果枝留3～4个花蕾，短果枝留1～2个花蕾。

7. 辅助授粉

猕猴桃属于雌雄异株植物，当雄树不足或自然条件影响授粉时，需要利用人工或昆虫进行辅助授粉，从而达到充分授粉。昆虫辅助授粉，在大约10%的雌花开放时，每公顷果园放置活动旺盛的蜜蜂10～15箱，每箱中不少于2万头活力旺盛的蜜蜂；园中和果园附近不能有与猕猴桃花期相同的植物，园中

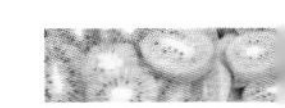

的三叶草等绿肥应在蜜蜂进园前刈割一遍。人工辅助授粉，可采集当天刚开放、花粉未散失的雄花，用雄花的花药在雌花的柱头上涂抹，每朵雄花可授7～8朵雌花；也可采集制作花粉后，用毛笔或电动授粉器来进行辅助授粉。

果农采用电动授粉器人工辅助授粉

8.配方施肥

在猕猴桃植株全营养诊断和土壤肥力测定技术的前提下，以营养诊断结果为指导，依据猕猴桃生长需肥规律和土壤肥力的基础，按照缺哪种元素补充哪种元素的平衡配方进行施肥。施肥原则是有机肥为主、化肥为辅，基肥为主、追肥为辅，大量元素为主、中微量元素为辅。

9.水肥一体化

以水带肥，水肥一体，精准施肥。借助压力系统，将可溶性固体或液体肥料，按照土壤养分含量和猕猴桃的需肥规律、特点，配兑成肥液，与灌溉水一起提供给猕猴桃植株根部，满足猕猴桃生长所需。规范的水肥一体化设施通过可控的管道系统供水、供肥，使水肥相融合后，通过管道和滴头形成喷滴灌，均匀、定时、定量浸润猕猴桃根系区域，使根系土壤始终保持疏松和适宜的含水量。同时根据猕猴桃的需肥特点、土壤环境和养分含量状况、猕猴桃不同时期需水需肥规律情况，进行不同生育期的需求设计，把水分、养分定时定量按比例直接提供。

10.果园生草

在猕猴桃园行间人工种草或自然留草，并及时刈割覆盖、打碎还田，既能提高冬春季土温，降低夏季地表温度，减少水土流失，起到保水防旱、改善猕猴桃园生态环境的作用，又能增加土壤有机质含量，节省人力，减少生产成本。

果园生草使土壤含氮量降低，磷与钙含量提高，使猕猴桃植株营养均衡，可增加果实可溶性固形物含量，促使果实着色，提高品质。

猕猴桃果园生草

11. 绿色防控

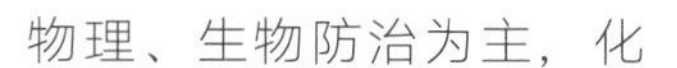

物理、生物防治为主，化学防治为辅，减少农药使用次数及使用量。猕猴桃全生育期，以农业防治为基础，增施有机肥，配方定量施肥，控制负载，提高植株抗性，及时清园降低病虫发生基数；果园安装杀虫灯，悬挂诱虫板、性诱剂诱杀害虫，使用生物制剂防治病虫；集成安全药剂防治、高效药械应用等绿色防控技术。结合猕猴桃主要病虫害发生规律、物候条件及生产实际，制定猕猴桃病虫害绿色防控方案和应急预案，全年用药4～6次。

12. 两前两后

根据猕猴桃溃疡病的发生传播条件和规律，采取有针对性的用药方案，即越冬萌芽前、现蕾开花前、花后幼果期和采果后至落叶前各用药一次。

13. 果实套袋

适时套袋，提高果实商品性，降低农药残留量。套袋时间一般在6月下旬至7月上旬进行，根据不同品种时间略有不同。套袋前一天应全园喷杀菌杀虫剂一次，采果前15～20天除袋。除袋时应小心仔细，防止对果实造成损伤。提前除袋可有效增加果实光照时间，以利于糖分和干物质的积累，

猕猴桃套袋

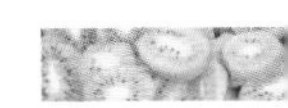

可有效提升果实品质。

14.适时采收

根据猕猴桃的生长发育规律，必须适时采收，采收成熟度对猕猴桃的品质和贮藏性影响很大。采收过早，果实未充分发育，糖分低，酸度高，糖酸比低，维生素C含量低，食用品质和口感差；表皮保护组织发育不健全，易失水皱缩，腐烂率高；呼吸旺盛，果实劣变快。采收过晚，果实质地硬度下降，容易软化；乙烯释放高峰提前，入库贮藏后衰老速度快，抗病性下降，易腐烂变质，贮藏期和货架期变短。

果实采收期主要由成熟度决定，实际生产中主要根据果实可溶性固形物含量来确定。采收标准为可溶性固形物达到6.5% ~ 7.0%，干物质含量达到14.5%以上，硬度在10 ~ 11千克/厘米^2，分期分批采收。

15.树干涂白

一般采用生石灰加5倍水溶解后加入适量食盐，再加入适量的石硫合剂搅拌均匀，常用的涂白剂配方为生石灰：石硫合剂原液：食盐：水=2：1：0.5：10。也可直接购买商品的树干涂白剂涂刷主干和大枝蔓，既可防冻又可防治越冬病虫害。

猕猴桃树干涂白

16.熏烟防冻

每年3月20日至4月20日即春分—谷雨时节，当出现0℃以下低温时，组织果农开展熏烟，预防晚霜冻害。

果园熏烟防冻

提高猕猴桃品质的途径

1. 合理的密度

光能的利用与果实品质有密不可分的关系，合理的种植密度可以最大限度地利用光能。早在20世纪八九十年代，周至县种植的秦美猕猴桃都是3米×3米、3米×4米、4米×5米的株行距，表现了良好的果实品质。大量的实践证明：猕猴桃园无论什么品种，栽植密度都不能小于3米×3米的株行距；小于这个株行距，无论怎么管理，树冠都容易郁闭，光能利用率不高，果实品质严重下降。

2. 改多杆上架为一杆上架

受猕猴桃溃疡病的影响，周至县部分果农在留主杆的时候，选择了留2个以上的主杆，造成了多主杆上架树形。多主杆容易造成树形紊乱，病虫害发生比单杆上架的严重，自然果实较差。改多主杆为单主杆是提高果实品质的又一重要措施。

多杆上架

一杆上架

3. 猕猴桃架型由T形架改为大棚架

T形架是在支柱上设置一个横梁，形成T形的支架，顺树行每隔6米设置一个支架。T形架的优点是投资少，易架设，田间管理操作方便，园内通风透光好，有利于蜜蜂授粉；缺点是稳固性差，如遇大风暴雨易倒架。

T形架

大棚架

大棚架所用支柱的规格和栽植距离、地锚拉线的埋设同T形架，但支柱上不使用横梁，而是用钢管、方钢或钢绞线等将全园的支柱横拉在一起，钢管上每隔50～60厘米顺行架设一条8号铅丝，同时除每行两端支柱外埋设地锚拉线外，每横行两端支柱外2米处也应埋设一地锚拉线。大棚架具有抗风能力强、产量高、果实品质好的优点，正好弥补了T形架的缺点。重要的是T形架面和下垂枝的果实受光不同，果实的含糖量不一致，成熟期也有差异，在冷库贮存时硬度也有差异，导致营销人员掌握不好出库日期而造成损失。

近年来，通过架型改造，一些老果园已由T形架改为大棚架，新建果园全部采用大棚架，从根本上为猕猴桃高产优质打下基础。

4. 合理修剪

冬季修剪中，结果母枝的留枝量每平方米不超过1.5个，结果母枝的间距在40厘米以上。春季枝条萌发后，保持每隔20～30厘米留一个结果枝。在生长季，通过夏季修剪，保持果园内的透光量不低于25%～30%。

通过合理修剪提升光合利用率

秋施有机肥

5. 重施有机肥

重施有机肥，可以改良土壤，提高肥料利用率，从而使树体健壮，营养分配合理，果实发育充分。秋施基肥，成龄园亩施充分腐熟的农家肥5米^{3}或商品有机肥1吨以上，结出的果个大，果实整齐，口感好，耐贮藏。

6. 设施栽培

2019年后，周至猕猴桃避雨棚和牵引架设施栽培开始推广。避雨栽培防风、防冻、抗溃疡，可有效提高猕猴桃园抵御自然灾害的能力。牵引架使猕猴桃营养生长和生殖生长层形明显，结果部位光照充足，果实品质提高；营养枝发育优良，芽体饱满，为下一年结果打下良好的基础。

猕猴桃避雨栽培

猕猴桃牵引架

订单农业模式

近年来，通过各种合作经济组织的发展，周至县以翠香猕猴桃为试点，探索出“公司＋经纪人（区域经理）＋农户”的订单式农业新机制。在订单式翠香猕猴桃供应中，一般按照如下基本模式：

第一步：选园。①严格的定园标准。在周至猕猴桃优生区选择基地，选长势良好、无溃疡病、处于盛果期的果树，株行距为3米×3米以上，结果枝密度相间35厘米以上，品种以翠香猕猴桃为主。②在全县范围内选取技术强、道德品质良好的10人左右的翠香猕猴桃区域经理，划分个人的包片区域，在区域内按标准选园。区域经理在冬末春初进行第一次验园，淘汰问题严重的果园。对于存在瑕疵的果园进行沟通、反馈问题，给其一定期限修整果园；修整后进行第二次验园，不合格仍予以淘汰。对于入围的果园，区域经理要邀请公司的技术团队进行验收，验收合格的果园按照公司的管理进行。

第二步：区域经理与果园签订会员合同。实行区域经理负责制，区域经理代表公司与符合标准的果园签订会员合同。

第三步：种植过程实行淘汰机制。签订合同后，在猕猴桃生长期向果农发放独家专用叶面肥，65元的叶面肥可施用2亩猕猴桃园。根据果园生长情况，每年施用11～12次。在施用第4次叶面肥后（5月坐果时），技术团队进行管理上的第一次验收；在施用到第8次后，技术团队进行第二次验收。验收过程中不合格的果园予以淘汰，当年的鲜果不予收购。

第四步：对猕猴桃鲜果进行评级再收购。技术团队根据猕猴桃鲜果采摘时糖度、果实大小、果形、果面的情况严格定级，有黑头病的鲜果一个也不收购。对鲜果定为5个等级，即好下、一般好、好、好上、特好。在2020年的收购过程中，评为“一般好”的鲜果收购价为8元/千克，评为“好上”的鲜果为8.6～9.6元/千克，评为“特好”的鲜果收购价可达10元/千克。

第五步：对收购的猕猴桃鲜果进行分级、入库。

第六步：在收购两个月内，把收购的翠香猕猴桃在最佳可食期内全部运往国内各高端市场。

精心管理，科学施肥，绿色储存，品质保证。“种高品质的果子，卖最满意的价格。”几年来，签订翠香猕猴桃订单的农户和园主们深深感受到订单农业模式的优势。周至县大力发展订单农业，通过创建经营联合体、签订购销合同等方式，转变一家一户分散种植在果品质量统一方面的劣势，做好质量管控，提高优果率，促进果农增收。同时，以订单农业发展为抓手，坚守契约精神、诚信原则，正确发挥市场导向和示范引领作用，努力提高全县猕猴桃产业的组织化程度。

品质特色

品质是猕猴桃鲜果的灵魂，优良的品质是周至猕猴桃地方特色的一种体现，是打造周至猕猴桃品牌形象、在激烈的市场竞争中脱颖而出的基础。

猕猴桃的品质包括以下几个方面：一是安全，由国家指定机构认定的无公害农产品、绿色食品、有机农产品，因此能得到很好的安全保证。一些国外的有机产品认证更为严格，如日本、美国等。二是口感、果个、果形、耐贮性是品质的内在表现，与消费者的喜爱程度密切相关，决定着市场的占有率。三是外观上的色泽、光洁度等，也在一定程度上影响消费者的选择。

果实的独特性对品质的形成也很重要如红肉、黄肉、绿肉等，周至县是以绿肉的美味猕猴桃赢得市场优势如翠香、瑞玉等品种。近年来，周至县选育的翠香猕猴桃因其甜中微酸和口感好而备受消费者欢迎，表现出强劲的市场优势，形成了独特而亮丽的市场品牌。

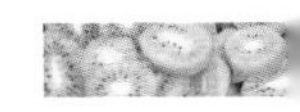

为保障猕猴桃的品质，周至县农产品质量安全检验监测中心每年会在猕猴桃上市前进行抽检，检测农药残留水平、成熟度、干物质含量、维生素C含量等指标。

周至猕猴桃品种

周至县先后自主培育了秦美、秦翠、哑特、西选二号、翠香、华优、瑞玉等优良品种，形成了早、中、晚熟搭配的品种格局。丰富的种质资源和众多的优良品种，为猕猴桃产业的健康持续发展提供了重要的物质基础。周至县选育的秦美、哑特、华优、翠香等猕猴桃品种先后荣获国内外10余项大奖，被评为“中国名牌产品”“中国名优产品畅销奖”等。

1.秦美

秦美猕猴桃

20世纪70年代末，陕西省果树研究所做野生猕猴桃资源考察时，在周至县就峪乡（现楼观镇）前就峪村的旱阳坡发现了一个猕猴桃优株，被命名为周至1-11。1986年通过省级品种审定，定名为秦美猕猴桃，填补了陕西省无栽培猕猴桃品种的空白。秦美猕猴桃为鲜食、加工两用且较耐贮藏的晚熟品种，被农业部、科技部、陕西省作为良种推广，一度成为我国栽培面积最大的猕猴桃品种。其果实近椭圆形，平均单果重102.5克；果肉绿色，汁多，酸甜可口；每100克鲜果肉维生素C含量190.0～354.6毫克，可溶性固形物14%～15%；果实较耐贮藏。该品种早果性、丰产性、抗逆性、抗寒性、耐瘠薄等综合评价，一度位居所有猕猴桃品种之首位。

2.翠香

翠香猕猴桃

翠香猕猴桃是1998年周至县农业局第二次野生猕猴桃资源调查时发现的优株，由周至县农业科学技术试验站历时8年选育而成。翠香幼枝棕色，密生红棕色柔毛，叶片大，多为椭圆形，多年生枝深褐色无毛。每个结果枝开雌花1～5朵；始花期4月下旬，盛花期3天，花期1周，同时形成幼果，树势强。果实长椭圆形，果皮绿褐色，果皮薄，易剥离，果肉翠绿色，质地细而果汁多，果实香甜可口，有香气，平均单果重92克，最大单果重130克，单株树上有70%的单果重可达100克，4年生平均单株产量31千克。翠香3月下旬萌动发芽，9月中旬果实成熟，属早熟品种。

2007年，翠香猕猴桃问世，很快以果香浓郁、果肉细腻、甜酸适口受到消费者的欢迎。翠香猕猴桃的上市，掀起了购买风暴，颠覆了人们以往对猕猴桃鲜果的印象，表现出了强大的市场潜力。

3.华优

华优猕猴桃由陕西省农村科技开发中心、周至县华优猕猴桃产业协会和陕西省中华猕猴桃科技开发公司周至试验站合作选育，马召镇贺炳荣和贺友社父子在选育过程中起了核心作用。2006年该品种进入陕西省果树品种审定委员会初审程序并通过初审，2007年通过正式审定；2011年获农业部植物新品种权证书。华优属中华猕猴桃系列，果面无毛，果肉黄色，细腻多汁，属于中熟品种。

华优猕猴桃

4.瑞玉

瑞玉猕猴桃

瑞玉猕猴桃是陕西省农村科技开发中心联合陕西佰瑞猕猴桃研究院有限公司，以秦美作母本、K56作父本，进行杂交选育的美味系列绿肉品种，2015年1月通过陕西省果树品种审定委员会审定。果实长圆柱形，平均单果重95克，果皮褐色，被金黄色硬毛，果顶微凸；果肉绿色，细腻多汁，风味香甜；常温下后熟期20～25天，货架期30天左右，冷藏可贮藏5个月左右。在陕西省秦岭北麓，瑞玉猕猴桃3月中旬萌芽，5月上旬开花，9月中下旬成熟。

5.引进品种

海沃德猕猴桃属美味系列猕猴桃，酸甜可口、果形整齐、晚熟、耐储运，原产地新西兰。

徐香猕猴桃属美味系列猕猴桃，圆柱形、果肉绿色、酸甜适口、中熟品种，原产地江苏徐州。

周至县自2000年开始，从全国各地引进优良品种63个，在周至县农业科学试验站建立了全国最全的猕猴桃种质资源圃。经过栽植试验，徐香脱颖而出，并以其口感绵甜很快得到推广，至今畅销不衰。

海沃德猕猴桃

徐香猕猴桃

猕猴桃营养价值及食用方法

猕猴桃是一种高营养水果，除含有猕猴桃碱、蛋白水解酶、单宁果胶和糖类等有机物，以及钙、钾、硒、锌、锗等微量元素和人体所需17种氨基酸外，还含有可溶性固形物10.2% ~17.0%，其中糖类占70%，含酸量1.69%。猕猴桃高维生素C含量闻名于世，被称为"营养金矿""保健奇果"。据美国罗格斯大学食品研究中心测试，猕猴桃是各种常见水果中营养成分最丰富、最全面的一种。2003年，中国营养学会发布的《中国居民膳食指南》正式将猕猴桃列入推荐食用的水果。多食用猕猴桃，还能阻止体内产生过多的过氧化物，防止老年斑的形成，延缓人体衰老。冬天常吃猕猴桃可以调节人体机能，增强抵抗力，补充人体需要的营养。

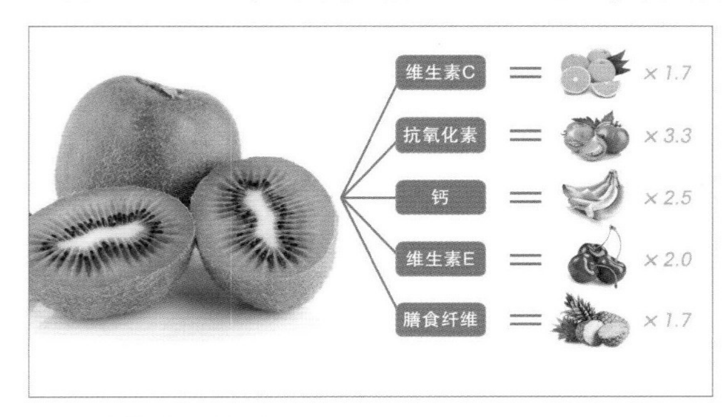

猕猴桃营养价值对比图

猕猴桃属非呼吸跃变型果实，成熟鲜果放在温度10 ~ 20℃自然环境下约15天，果实呈现全熟状态，可从中间一切为二，然后用小勺挖果肉食用。优质A级猕猴桃鲜果的滋味是橘子、香蕉、草莓三者之综合。

消费评价

周至县最初栽植的是秦美、海沃德等酸口感的品种。从1989年开展猕猴桃规模化种植，经过3年生产，猕猴桃已有了一定的产量。1992年，陕西省科技厅的千吨猕猴桃冷库正式兴建运营，当年冷库就收购了60吨秦美猕猴桃。因为人们对猕猴桃的接受程度不够，在北京工作的周至籍乡党丁小俊负责销售这批猕猴桃，从此周至猕猴桃进入北京市场。当时，猕猴桃在北京消费者的心目中是"带毛的土豆"，让人感到十分新奇。在丁小俊的大力推介下，周至猕猴桃渐渐有了市场，猕猴桃出园价也由最初的每500克0.5元逐渐涨到1元、1.5元、3元。到1995—1997年，周至县生产的秦美猕猴桃已涨到每500克4 ~ 5

元，而市场上销售的猕猴桃已涨至每500克10元，形成了人头拥挤的抢购场面，这是秦美猕猴桃最辉煌的时期。

2000年以后，经过政府和民间大力推广标准化生产，一系列种植园区陆续获得国家无公害农产品、绿色食品、有机农产品认证，周至猕猴桃质量明显提高。到2020年，周至猕猴桃荣获各种奖项和荣誉多达130多个，远销26个国家和地区，以52.09亿元再次荣获中国果品区域公用品牌价值榜猕猴桃类第一位。

2020年，周至猕猴桃绿色食品认证基地有3家，分别是周至县姚力果业专业合作社、周至联诚果业有限公司、周至县腾林猕猴桃专业合作社。周至县姚力果业专业合作社位于司竹镇南淇水村，种植基地面积200亩，年产量500吨；周至联诚果业有限公司位于翠峰镇史务村，种植基地面积850亩，年产量1600吨；周至县腾林猕猴桃专业合作社位于竹峪镇渠头村，年产量500吨。周至猕猴桃有机农产品认证基地有4家，分别是周至县汇茂果品专业合作社、陕西佰瑞猕猴桃研究院有限公司、周至县智勇果品专业合作社、周至县秦人果业专业合作社。周至县汇茂果品专业合作社位于楼观镇马查村，种植基地面积200亩，年产量100吨；陕西佰瑞猕猴桃研究院有限公司位于周至县九峰镇，种植基地面积202亩，年产量221吨；周至县智勇果品专业合作社位于马召镇四府营东村，种植基地面积10亩，年产量9吨；周至县秦人果业专业合作社位于司竹镇中合龙护村，种植基地面积178亩，年产量355吨。西安惠秦果业有限责任公司通过良好农业规范认证，种植基地面积894亩，位于马召镇东火村、枣林村、中兴村，年产量800吨。

如今，猕猴桃的即食性越来越得到消费者的认可。西安金周现代农业有限公司以品种选择入手进行研究，开发了金福、郁香两个品种猕猴桃独特的贮藏技术，实现了软硬都可以吃。陕西佰瑞猕猴桃研究院有限公司索江涛博士从果胶溶解和淀粉转化方面入手，解决了瑞玉猕猴桃的即食性。由周至县姚力果业专业合作社研究的即食翠香猕猴桃也有可喜的进展。

媒体报道

2017年12月15日，中央电视台2017“最美收获地”评选揭晓，周至县

榜上有名，在10个“最美收获地”榜单中，名列第4。

周至猕猴桃在赢得国内外广大消费者青睐的同时，也得到了国内各大新闻媒体越来越多的关注和支持。2000年9月，周至县委副书记张勘仓在北京王府井大街参加名优农产品展销会，展销周至猕猴桃，中央电视台进行了采访，并在《新闻联播》中播放了两分钟，引起巨大轰动。2004年10月19日，《经济日报》发表专题报道《周至：猕猴桃如何“跳”起来——来自全国最大的猕猴桃生产基地的调查》；后又于2008年10月4日发表《陕西周至：大力促进猕猴桃产业升级》，2009年9月19日发表《周至猕猴桃，又是丰收年》，2012年8月16日发表《陕西周至“猕猴桃”成为农民增收的支柱产业》，充分肯定了周至猕猴桃产业的发展成就。《农民日报》于2013年10月24日发表《周至猕猴桃跃上航天“神舟”》，2016年7月9日发表《周至猕猴桃：高品质出自产业链细节》；《科技日报》于2016年5月30日发表《猕猴桃“太空游”后何时落到百姓果盘》；人民网于2018年1月30日发表《周至县产业扶贫助力猕猴桃“闯出去”》；新华网2020年3月27日发表《陕西周至：电商平台助力猕猴桃销售》，2020年8月20日发表《陕西周至：小小猕猴桃 托起大产业》，都从不同的侧面见证了周至猕猴桃的卓越品质，助推着周至猕猴桃产业的发展。

2015年9月21日，中央电视台新闻频道《新闻直播间》、财经频道《第一时间》分别以《秦岭北麓猕猴桃果正香》《陕西周至：秦岭北麓猕猴桃果正香》为题对周至猕猴桃进行现场报道。2016年9月18日，中央电视台财经频道《第一时间》栏目以《陕西周至：猕猴桃走高端市场，电商销售火爆》为题，报道了周至猕猴桃销售场面；9月21日，中央电视台新闻频道《新闻直播间》栏目以《生态种植促平衡，猕猴桃园采摘忙》《陕西周至：生物防治病虫害，猕猴桃变致富果》为题，两次对周至猕猴桃的生态种植、采摘、销售场景进行直播；10月15日，中央电视台军事·农业频道《聚焦三农》栏目以《秋收“周记”》为题，走进周至果园，看猕猴桃的世界。2017年11月19日，中央电视台财经频道《第一时间》栏目“厉害了我的国·电商扶贫行动”中，周至县委书记杨向喜推介周至猕猴桃……各界对周至猕猴桃的厚爱，激励着周至人引领中国猕猴桃产业砥砺前行。

品牌建设

品牌建设是猕猴桃产业发展中的一大系统工程。品牌是在果树的生长、果实的品质、贮藏、营销、售后、宣传等一系列基础环节上综合凝聚而成的形象，并反映到消费者心目中而形成的符号认知。周至猕猴桃的品牌建设正是这样建立起来的。在猕猴桃园区建设方面，周至县从1994年就制定了《猕猴桃栽培技术操作规范》，近年来又贯彻执行《猕猴桃种植技术标准》，其目的是从作务出发，保证果品的高产优质。在贮存和鲜果方面，制定了《猕猴桃贮藏技术规范》（DB 610124/T 02—2018）、《猕猴桃鲜果等级标准》（DB 610124/T 02—2015）。在猕猴桃营销方面，2000年前后在全国8个猕猴桃销售集中的城市建立“周至猕猴桃服务中心”，宣传和销售周至的猕猴桃，并连续多年组织“猕猴桃果品质量万里行”活动，均收到良好的效益。目前市场上，周至县有影响力的猕猴桃注册商标有50余个，对猕猴桃的营销起到了较大的作用。

周至猕猴桃宣传图

品牌发展历程

1990—2000年，周至县利用板报、广播、报纸等形式宣传和推广猕猴桃栽培技术，建立县、乡、村三级技术网络，为全县的猕猴桃生产起到了积极的促进作用。

从1996年开始，周至县委、县政府禁止果农滥用猕猴桃膨大剂。

从1997年至今，周至县每年都要查禁猕猴桃早采早卖的不良行为。

2000年，周至县委、县政府组织了声势浩大的“千人百队”膨大剂查禁活动。

2007年，周至猕猴桃获得国家质检总局地理标志保护产品认证。

2016年，在全国果菜产业质量追溯体系建设年会暨第14届中国果菜产业论坛上，周至猕猴桃荣获“2016全国果菜产业百强地标品牌”和“2016全国果菜产业十大最具影响力地标品牌”两项殊荣。

2018年，周至猕猴桃获得农业农村部农产品地理标志登记保护；周至县获得“中国猕猴桃之都”和“中国绿色生态农业先进县”称号，“陕西省知名品牌创建示范区”获批并开始建设；周至猕猴桃荣获“2018年度中国最受欢迎的猕猴桃区域公用品牌10强”，以42.3亿元位列中国猕猴桃区域品牌价值排行榜第一。

2019年，周至猕猴桃获得“中国优秀果业品牌策划奖”和“中国农业品牌建设学府奖”，并以47.06亿元品牌价值位列中国猕猴桃区域品牌价值排行榜第一位，跻身中国农产品果品区域品牌价值排行前10位。

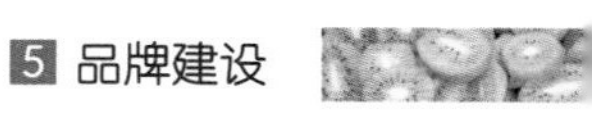

2020年，周至猕猴桃果品区域公用品牌价值达到52.09亿元。周至猕猴桃区域公用品牌宣传口号是“周至猕猴桃，鲜甜自有道”和“终南山下，道地好果”，唱响国内外果品市场。2020年年末，周至猕猴桃荣获“2020年全国绿色农业十大最具影响力地标品牌”称号。

走出去，主动对接市场

近年来，周至县在全国各地目标销售区域举办参展猕猴桃品牌营销活动100余场，主动与国内大型连锁超市、批发市场、大型电商企业对接；西安盛果佳电子商务有限公司、西安正达电子商务有限公司、陕西悠乐果果业有限责任公司、周至县秦人果业专业合作社、周至县姚力果业专业合作社、周至县聚友果品专业合作社、周至县甜蜜猕猴桃专业合作社、西安异美园现代农业有限公司、西安赛富通供应链管理有限公司、陕西华泽农业科技有限公司等，先后在省外建设周至猕猴桃品牌店31个，搭建产销对接平台，帮助小农户对接大市场，扩大猕猴桃出口，推动周至猕猴桃销售流通。通过宣传推介，周至猕猴桃品牌建设基础不断巩固，周至猕猴桃品牌在各大销售市场享有很高的知名度：北京新发地农产品批发市场的“悠乐果”、上海农产品中心批发市场的“北哲”、广州江南果菜批发市场的“大象”、沈阳八家子水果批发市场的“异美园”、浙江嘉兴水果市场的“广丰”、新疆九鼎农产品批发市场的“光威”等100余家周至猕猴桃企业品牌已遍布全国各大城市。周至猕猴桃越来越受到社会各界的关注和支持，极大地促进了周至猕猴桃的品牌建设，使周至猕猴桃在国内市场上有较强的竞争力和市场占有率。

2019年10月17—19日，“陕闽合作·陕西特色农产品推介宣传周”在福建省福州市举办。周至县农业农村局组织西安惠秦果业有限责任公司、周至县姚力果业专业合作社、周至县徐氏果业有限责任公司、周至联诚果业有限公司和周至县农家乐果蔬专业合作社等企业，依托福州海峡农副产品批发市场、永辉超市、融侨城小区等，开展周至猕猴桃进社区、进超市、扫码买赠等活动，提高周至猕猴桃在福州市场的知名度、美誉度。通过福州市陕西商会、福建人民广播电台“福建好声音”栏目、福建电视台综合频道及半岛生活等网络媒体，向福建人民推介周至猕猴桃的产业优势、品种优势和市场优势。通过宣传

陕闽合作·陕西特色农产品推介宣传周

推介，树立了周至猕猴桃品牌形象。周至联诚果业有限公司与半岛生活线上平台签订了猕猴桃销售合作协议，拓宽了周至猕猴桃在东南沿海的销售渠道，使更多的福建消费者认识和喜欢周至猕猴桃。

2019年12月6—8日，周至县农业农村局组织电商企业赴江苏省南京市参加苏陕协作暨陕西贫困地区农产品南京产销对接会。周至县农业农村局指导参展企业围绕周至猕猴桃主导产业，征集了翠香、海沃德、瑞玉等品种猕猴桃鲜果、果酒、果糕、果汁、果干等猕猴桃加工品，以及木耳、香菇、蜂蜜、核桃等秦岭特色山货产品进行了展示宣传推介。参展期间，西安正达电子商务有限公司和西安盛果佳电子商务公司依托公司优势及周至特色农产品资源，积极与参会企业代表、当地客商洽谈合作，宣传推介周至猕猴桃和秦岭特色山货。西安盛果佳电子商务公司馆内直接销售3150元，线上销售913单共计41 815元，共洽谈9家企业，意向采购猕猴桃280吨左右，意向成交金额130万元。西安正达电子商务有限公司馆内销售4200元，现场和苏州沃古斯电子商务有限公司签约2000万元采购合

第十届陕粤港澳经济合作活动周陕粤特色农产品（广州）展销推介

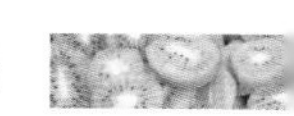

同，与江苏省纪委机关、江苏省农业农村厅等单位就猕猴桃礼盒采购、超市供货等达成了合作意向。通过展销推进，进一步丰富了苏陕农产品交流合作内容，提升了周至猕猴桃知名度和美誉度，拓宽了市场销售渠道，起到了良好的宣传推介效果。

2020年12月7—9日，第十届陕粤港澳经济合作活动周陕粤特色农产品（广州）展销推介活动在广东省广州市举办。陕粤特色农产品县域营销合作旨在推动“陕品南下、粤品北上”，促进陕粤区域间产业融通互补，增强农业品牌竞争力，助力乡村振兴。周至县农业农村局组织果业企业重点围绕猕猴桃特色产业，集中展示了猕猴桃鲜果、果酒、果糕、果汁等加工产品，以及木耳、香菇、蜂蜜、核桃等秦岭特色山货产品，极大地丰富了陕粤农产品交流合作，起到了良好的宣传推介效果。通过特色农产品网红直播、南方农村报等媒体，对周至特色农产品进行了线上直播宣传，有效提升了周至猕猴桃知晓率和知名度。活动期间，西安市三秦果业有限公司和广东中荔农业集团有限公司签订了1000万元相互出口农产品战略合作协议，进一步加深了陕粤合作。同时，通过座谈和现场推介，周至县和广东省惠来县结对双方就深化陕粤系统性全方位合作、加强两地特色农产品直销、宣传推介和干部人才交流等事项达成了意向。

引进来，欢迎八方宾朋

周至县委、县政府依托毗邻杨凌农科城区位优势，积极组织参加中国杨凌农业高新科技成果博览会，通过农业高新技术博览会平台，开展周至猕猴桃产品展销宣传，加强猕猴桃合作项目洽谈，引进猕猴桃客商和资金。引进的北京新发地农产品批发市场连续多年与周至县青化镇孙氏福田果业有限公司合作，每年签订5000吨猕猴桃鲜果供应合同；引进的内蒙古二连浩特市昊罡果蔬商贸有限责

第26届中国杨凌农业高新科技成果博览会

任公司与西安市兴鸿果业有限公司合作，每年供应4000吨猕猴桃鲜果；引进的浙江省嘉兴水果市场万通果品批发部，在周至县设立猕猴桃鲜果收购点，每年到周至县采购猕猴桃鲜果3000吨；等等。这些客商将周至猕猴桃卖到了全国各地，让越来越多的人认识、了解和喜欢上了周至猕猴桃，周至猕猴桃在国内市场得到了广大消费者的认可和支持，市场销售潜力也越来越大。

周至县庆祝农民丰收节暨 2019 年猕猴桃主题年会

此外，通过组织举办猕猴桃主题年会，邀请国内外高校科研院所权威专家学者、全国猕猴桃主产区代表、国内知名果品销售龙头企业客商齐聚周至，共襄大计，共话发展，促进猕猴桃产业做大做强，提升周至猕猴桃影响力和知名度，助力广大群众增收致富奔小康。通过交流推介，周至县先后与温州辰颐物语农业发展有限公司、杨凌农科品牌发展有限公司签订产销战略合作协议。陕西拼好果电子商务有限公司、上海联华超市股份有限公司、邳州范诚食品有限公司、郑州万邦水果批发市场、山东鲁东果品批发市场、西安麦朵网络科技有限公司等企业与周至县签订了猕猴桃鲜果订单。

品牌保卫战

随着周至猕猴桃在果品市场的走俏，部分果农为片面追求短期效益，出现了早采早卖及使用膨大剂的现象。为保障周至猕猴桃品牌形象，促进产业持续健康发展，1997—2000年，周至县委、县政府、县人大及农业主管部门先后出台了《关于禁止使用猕猴桃膨大剂的通知》《禁止猕猴桃早采早卖安排意见》《关于保名牌创优质促进我县猕猴桃产业持续稳定健康发展的决议》《关于禁止使用猕猴桃果实膨大剂的通告》《关于禁止使用猕猴桃膨大剂的决定》等系列文件，并利用电视、报纸、宣传车、传单、小册子等形式进行广泛宣传，教导

果农自觉抵制早采早卖及膨大剂的使用，执法部门配合宣传，严厉打击经营膨大剂的商贩，销毁早采早卖果品。

006

周至县人大常委会发文批办单

签发：

核稿：

标题：关于印发县十三届人大二次会议《关于保名牌、创优质、促进我县猕猴桃产业持续稳定健康发展的决议》的通知

主送：县人民政府

抄报：市人大办公厅

抄送：县委、县纪检委、县人武部、县法院、县检察院、县级国家机关各部门，各乡镇人大主席团，县人大各委办

拟稿： 共印 份

发文字号：周人发〔1999〕03号

印发时间：一九九九年三月 日

《关于保名牌、创优质、促进我县猕猴桃产业持续稳定健康发展的决议》已经周至县第十三届人民代表大会第二次会议一九九九年三月八日通过，现印发给你们，请按照《决议》精神，认真抓好落实。

1999 年 3 月周至县人大常委会《关于保名牌创优质促进我县猕猴桃产业持续稳定健康发展的决议》文件批办单

2000 年，周至县委、县政府号召全县各部门的广大干部职工，组成千人百队进驻各村查禁膨大剂，声势浩大。县里成立了四个督查组，分片对膨大剂查禁工作进行逐日检查。同时，还成立了工作报道组，对查禁情况及时通报。竹峪、司竹、楼观等乡镇有个别果农使用膨大剂，工作队砍掉使用了膨大剂的猕猴桃植株，用车拉上在各乡镇辖区巡回示众。检查查禁工作表现优异的同志受到晋升一级工资的奖励。对工作有疏漏的一名副乡长和一名小学校长，则给予了行政处分。

经过此次严厉查禁，广大果农普遍认识到膨大剂的危害性，使用膨大剂现

2019 年 9 月为检测猕猴桃农药残留工作人员在果园采摘、记录试验样品

2016年8月周至县联合执法销毁早采猕猴桃

象得到遏制。在查禁的同时，全县及时调整思路，采取“疏堵结合”的方式，加大扶持龙头企业，并创新“公司加协会、协会连农户”的新模式，让企业开拓市场，与果农签订收购合同，引导果农适时采收，实现优果优价。同时，周至县农业农村局等部门组成技术小组，加强技术指导和培训，提高果农科学作务水平；加大猕猴桃果品农药残留检测，保障果品质量安全。公安、工商等部门在外运的交通要道设点检查，设立举报箱和举报电话，打击早采早卖行为。

经过连续多年的努力，周至县果农观念得到改变，周至猕猴桃产业发展进入持续健康的轨道。

企业品牌蓬勃发展

周至猕猴桃的企业品牌建设最早起源于加工产品。20世纪90年代，猕猴桃深加工企业——西安市秦美食品有限公司的系列加工品以“秦美”品牌向全球销售，开启了周至猕猴桃企业品牌的建设历程。随着加工品的风起云涌，全县38家猕猴桃加工企业都申请注册了自己的品牌。进入2000年以后，鲜果销售逐渐改变过去的“千军万马过独木桥”的局面，销售企业成为销售的主流。这些销售企业在猕猴桃的流通中形成了自己的品牌，如西安金周现代农业有限公司的“秦人农庄”、陕西猕宗农业开发有限公司的“猕宗”等。全县有猕猴桃贮藏库2600多座，一座贮藏库就是一个销售单位，绝大多数都有自己的品牌。后来，一些猕猴桃企业不满足鲜果销售，而是逐渐地把种植、冷藏、销售一体化，走更专业的品牌化道路，如西安金周至猕猴桃实业有限公司、周至县

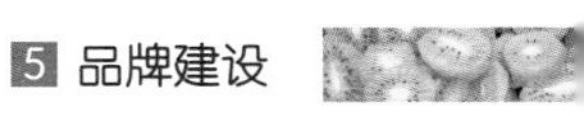

姚力果业专业合作社等。目前，通过政府职能部门整合，县里有一定市场份额的猕猴桃品牌有50多个，这些品牌形成强大的影响力，把周至和猕猴桃连成一体，使外界提起周至就想到猕猴桃，提到猕猴桃就想起周至。

目前，除国内市场外，周至猕猴桃鲜果及凉果、果酱、果酒、果汁、果籽油等深加工产品远销加拿大、西班牙、荷兰、俄罗斯、泰国、中东及我国台湾等26个国家和地区，深受国内外广大消费者的青睐，周至猕猴桃已成为周至县的一张靓丽名片。全县数千家冷库和营销企业都有自己品牌，在各自的销售区域，都有自己的销售份额。西安异美园现代农业有限公司的"异美园"商标、周至县姚力果业专业合作社的"秦星仙果"商标、陕西杨氏农业发展有限公司的"大象果业"商标、西安市兴鸿果业有限公司的"昌鸿"商标、西安金周现代农业有限公司的"金周"商标等一大批果业企业品牌逐渐成长，形成了周至县乃至陕西省的知名品牌。西安金周现代农业有限公司主营金福、农大郁香这两个猕猴桃新优品系，充分挖掘其品种特色，利用独特的贮藏技术，使这两个品种变身受市场极受欢迎的即食猕猴桃。

从经营模式上，周至的果业企业逐渐走上了一条种植、冷藏、销售为一体的订单经营模式。周至县本土企业西安市三秦果业有限公司通过"公司＋基地＋农户"模式和参股、契约、租赁、合同订单等多种利益联结形式，带动农户共同致富，为国内水果市场、超市、食品加工企业和个体户大量供应猕猴桃鲜果。公司在全国水果市场建立多个加盟销售点，在北京、上海、大连、长沙、深圳等大城市建立了周至优质猕猴桃专卖店。陕西猕宗农业开发有限公司多年来专营"猕宗"牌翠香猕猴桃，和深圳的百果园水果超市联营，每年销售翠香猕猴桃数百万斤，在深圳及周边地区有了很好的影响。

目前，周至县众多的猕猴桃企业品牌，承担着全县52万吨鲜果及加工品的销售，每年仅一产产值就超过30亿元，创造了良好的经济效益和社会效益。凭借品牌优势，周至猕猴桃产业就像插上了腾飞的翅膀，飞速发展。截至2020年年底，全县已发展猕猴桃专业村96个，人均猕猴桃年收入4200元，重点果区人均猕猴桃年收入达1万元。

产业拓展

2020年，周至县猕猴桃栽植总面积43.2万亩，约占全国比重的15%、全球比重的12%；年产鲜果52万吨，约占全国比重的25%、全球比重的12%；一产产值超过30亿元。全县有猕猴桃贮藏库2600多座，其中千吨以上大型气调库26座，年贮藏能力35万吨；猕猴桃深加工企业38家，生产产品以果脯、果酒、果汁为主，年可加工35万吨，全县加工企业年销售总收入2.1亿元；拥有专业的营销企业10家，承担着全县猕猴桃的销售任务。

一业兴，百业旺。周至猕猴桃产业链条建设稳步推进，产业链条体系相对齐全。全县已培育猕猴桃专业合作社1007家，电商、微商经营户过万家，从事猕猴桃相关产业的人数超过30万人，猕猴桃产业已成为全县农民持续增收致富的重要支柱产业。

猕猴桃产业链延伸

近年来，围绕猕猴桃种植的农药和肥料等农资、各种设施装备（大棚和牵引架），特别是花粉生产等，都已经形成异军突起的新产业。这些由种植衍生的产业分支不但能使更多的人群就业，更重要的是推动猕猴桃种植技术和服务更上新台阶。

2006 年周至县猕猴桃加工企业协会成立

2013 年周至县猕猴桃贮藏协会贮藏工作会

在猕猴桃产业发展的基础上，周至县应运而生的猕猴桃产业、种植、贮藏、加工、营销、包装、花粉等专业协会，服务于种植、贮藏、包装的技术队伍层出不穷，服务水平日益专业化、精细化，为周至县及附近群众提供了多种多样的就业岗位。

猕猴桃冷藏的发展，带动了建筑、制冷设备、技术工人等社会集群参与其中，形成了各自的小团体，有些还发展成小产业如制冷工程、冷库基建等。

猕猴桃加工带动削片工人和化工产品集群的诞生，形成了新的供应链条。

为了销售猕猴桃，周至县专业化的营销公司都建有强大的物流冷链作为运输后盾，如西安金周现代农业有限公司就有全国各地的50多辆冷链运输车供公司随时调

冷链物流车装送猕猴桃果干

2021 年 1 月 29 日松波农业技术服务队在终南镇开展猕猴桃高接换种

遣。近年来，营销公司走订单农业的道路，培养了大批猕猴桃经纪人。

周至猕猴桃产业的迅猛发展，还给餐饮、旅游、娱乐等带来了无限商机。终南镇猕猴桃果业大户杨丽，由于贯彻了安全食品的生产，她的翠香猕猴桃连续数年举办猕猴桃社区团购和鲜果采摘，每500克卖到了15元，取得良好的经济效益。西安惠秦果业有限责任公司的观光农业，每年接待大量游客，其园区内的大型餐饮岐味人家，每年接待会议餐饮200多场。全县300多个冷链运输供应销售企业把猕猴桃运往全国各地。这些猕猴桃衍生的产业极大地拉动了县域经济，使周至县始终保持着高就业率，保证着社会和谐和社会稳定。

猕猴桃果酒

猕猴桃果汁

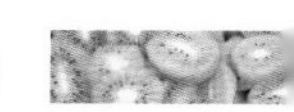

猕猴桃果干

猕猴桃罐头

猕猴桃电商的发展

周至县加快农村电子商务示范县建设，建成电商一条街和电子商务县镇村三级平台，建成运营电商体验中心（猕猴桃主题馆）和电子商务公共服务中心，建设运营了2个京东云仓，建成了32个天猫优品服务站，菜鸟物流及圆通、中通、韵达、申通等20余家物流快递企业进驻周至。全县有电商企业253家、微商过万户，从事猕猴桃电商产业人员超过6万人。2019年，猕猴桃线上销售5201.85万件、23.62万吨，占比首次超过线下销售。

发展猕猴桃电商产业

1.西安盛果佳电子商务有限公司

西安盛果佳电子商务有限公司主办的中国猕猴桃网（www.zgmht.com）成立于2004年，是中国第一家为猕猴桃从业者提供政务资讯、科技致富、经营指导和交易服务的综合性门户网站，是中国猕猴桃产业第一平台。网站产品以猕猴桃鲜果为核心，兼营种子、苗木、果脯、果汁、果酒、果酱等猕猴桃系列产品。网站开办10多年来，公司累计已将1.5万多吨猕猴桃出口到加拿大、俄罗斯、西班牙、中东和我国台湾等国家和地区。2020年，公司线上销售额3150万元，线下销售额5200万元。中国猕猴桃网现有分站296个，平台注册

中国猕猴桃网电商网站

会员用户超过55万人，日点击量超过5.6万人次，已成功孵化、帮助300多家企业和个人，带动就业人数达1500人。

中国猕猴桃网开设了专门的“扶贫专栏”板块，针对贫困户进行免费发布信息、培训、网上销售，并以高于市场价格的10%～15%收购贫困户种植的猕猴桃，每年还有参股分红等方式进行帮扶。公司在淘宝商城上开设“电商扶贫”专栏，专门为贫困户开通属于自己的销售店铺，每一个店铺有贫困户个人信息、种植猕猴桃亩数、品种等进行一对一帮扶，也取得了良好效果。近年来，公司积极实施“互联网＋猕猴桃＋公司＋合作社＋扶贫”战略，全面助力主导产业发展，累计带动800多名群众增收致富。

2. 陈永利的二姐夫农家生鲜电商团队

陈永利是周至县一名有着多年教学经验的技校电商老师。多年来，她致力于为周至县培养电商人才。2020年，被周至县教育科技局聘为市级科技特派员。

2020年6月1日，在陈永利的带领下，周至县二姐夫农家生鲜电商团队成立了。这是周至县首家以吸收农村留守妇女和残疾人为主的猕猴桃线上销售团队，目的是发挥农村弱势群体的作用，学会一技之长，帮助解决以猕猴桃为主的农产品的销售问题。为了使更多的留守妇女和残疾人学会电商的接单和直播带货等知识，陈永利利用每周的星期三和星期六进行常态化免费培训，一个月为一个培训周期，保证使每个学员学会电商知识，并能负责包装、发货、售后等一切工

陈永利的二姐夫电商团队

作，陈永利尽一切力量对学员进行帮助。

二姐夫农家生鲜电商团队秉承以质量求生存、以信誉求发展的理念，高度重视果品质量，从而赢得了消费者的信赖。截至2020年年底，销售达20多万单，帮扶66家农户实现脱贫，使8位残疾人年收入达1万元以上；团队进行了100余场的公益宣传推广活动，累计帮扶种植户136户。

猕猴桃出口贸易

周至猕猴桃出口始于20世纪90年代中期。1995年11月20日，位于司竹乡的周至县果工贸冷库把100吨秦美猕猴桃鲜果出口到阿拉伯联合酋长国，成为周至县第一家猕猴桃出口企业，由此正式拉开了周至猕猴桃出口创汇的序幕。

此后，周至县陆续涌现出了一批猕猴桃出口公司，出口产品从猕猴桃鲜果延伸到果脯、果酒等，种类日趋丰富，出口效益显著。特别是周至县名优猕猴桃经销有限责任公司，从2003年开始出口猕猴桃鲜果和果脯，取得了良好的经济和社会效益。同时，周至猕猴桃出口的国家和地区也逐年增加，周至猕猴桃鲜果及加工品先后进入俄罗斯、加拿大、英国、德国、法国、意大利、西班牙等国市场。

目前，周至猕猴桃主要出口俄罗斯、东盟国家，以及我国香港、澳门等地区，年出口鲜果、速冻果等约1.2万吨，品种以海沃德、秦美、徐香猕猴桃为主，翠香猕猴桃有少量出口。周至县现有西安终南鲜都现代农业发展有限公司、西安市三秦果业有限公司和周至县名优猕猴桃经销有限责任公司等3家猕猴桃鲜果出口资质公司，2020年猕猴桃鲜果出口量分别达到了3000吨、4000吨和1000吨。另外，西安市聚仙食品有限公司2020年猕猴桃速冻产品出口约5000吨，猕猴桃加工品出口约3000吨。西安市山美食品有限公司2015年取得自营进出口权，出口业务遍布东南亚各国，2016—2020年出口创汇461.3万美元。

2007年，西安市三秦果业有限公司在陕西出入境检验检疫局成功备案出口猕猴桃果园和出口加工厂，从此可自营出口。公司一端连接农户生产，一端连接市场运销经营，积极开拓市场，引导果农生产，坚持科技推广，提供为农

服务，将周至猕猴桃系列产品出口到加拿大、西班牙、荷兰、俄罗斯、泰国、中东和我国台湾等国家和地区。2014年，公司通过新疆塔城、内蒙古满洲里、黑龙江绥芬河等3个口岸出口周至猕猴桃鲜果至俄罗斯800余吨。

猕猴桃产业脱贫

周至县是西安市唯一的国家级贫困县，共有贫困户5260户，建档立卡户27 231户，贫困人口基数大，脱贫任务十分艰巨。从2017年起，周至县农业农村局成立产业脱贫办公室，从产业发展、技术服务、资金扶持、助农保险、主体带动、电商助销等6个方面为贫困户产业发展增收助力，实现了产业脱贫“六个全覆盖”。

在产业布局上注重远谋划、全覆盖、强带动，经过广泛调研、充分论证，立足本地实际提出了“沿山百里杂果林带的品种优化和产能提升，中部百里猕猴桃产业带提质增效和品牌建设，沿渭百里苗木花卉长廊转型升级和产销融合”的农业产业发展整体规划。借助“星动陕西”助力扶贫行动邀请张嘉译代言周至猕猴桃。坚持“做给农民看、教会农民干、帮着农民赚”的服务理念，成立了产业脱贫110技术服务中心、百名科技人才服务团、76人农技专家团，按照“服务到村、指导到户、精准到人”的工作要求，整合技术力量，采取“扶贫基地＋职业技校＋农民工就业培训＋各镇设点培训＋手机联网”相结合的模式，开展产业脱贫技术“田间课堂”。定时向农户手机上推送气象预报、科技知识、技术指导、防灾减灾等服务信息。

在全县2万多户建档立卡户中，技术人员一对一帮扶1.13万户栽植猕猴桃3.72万亩，4329户发展杂果1.33万亩，保证了有劳动能力的贫困户至少有一项长期稳定增收产业，实现了贫困户优势产业带动全覆盖。通过3年多的技术跟踪服务，已普遍挂果，在企业和合作社的帮扶带动下，实现

2020年11月为贫困户进行猕猴桃技术培训

了电商销售，产业效益明显，脱贫成果稳固，猕猴桃产业在全县的脱贫攻坚中起到了压舱石的作用。

2020年10月，周至县产业脱贫经验《产业"六个全覆盖"脱贫一个都不少》，入选国务院扶贫办开发指导司和中国扶贫杂志社编写的《产业扶贫典型案例》。

猕猴桃技术输出

猕猴桃规模化种植以后，为了尽快推行和普及种植技术，周至县建立了全县三级技术网络：即县里配备了10名专业人员，负责乡一级技术人员的培训，每个乡培训3名乡级技术员；乡级技术员负责培训村级技术员，保证每个村至少有1名技术员；村级技术员负责全村的猕猴桃生产技术。通过连续数十年的不间断培训，周至猕猴桃种植技术大大提高和广泛普及，涌现出了众多种植猕猴桃的专家和行家里手。作为全国最大的猕猴桃基地县，周至县技术力量强，成了全国输出猕猴桃种植技术人才最多的县。

从1995年起，周至县猕猴桃技术人才就被外地请去讲课、搞培训或做园区指导。在2000年前，周至县的专业人才张清明、郭永社等，乡土专家赵志修、倪育德等被四川、江西、浙江等省请去进行人才培训和基地指导。2000年后，周至县涌现出了研究员雷玉山、陕西十佳农民专家吕岩等专业技术人才，常年被全国各地请去开展培训和技术交流。除种植技术外，冷藏技术行业也进行技术输出，周至县猕猴桃贮藏协会会长姚宗祥等先后到四川等地进行技术指导，周至县猕猴桃加工协会刘东也被请去外地指导猕猴桃果酒的生产。据统计，从1995年到2020年，全县共有5000余人次对全国各地猕猴桃产区进行技术输出。周至县围绕猕猴桃产业早已形成一支强大的技术人才力量，推动着全国猕猴桃产业的发展。

吕岩在宝鸡市眉县金渠镇培训果农

科研机构

作为全国最大的猕猴桃基地县，周至县猕猴桃科研机构健全，技术推广体系完备，在品种选育、科技研发和新品种推广、新技术应用等方面一直走在全国前列。经过40多年的发展，周至县建成了政府主导、全社会参与，国有为主体、多元体制并举的科研机构体系。

周至县园艺蚕桑站

周至县园艺蚕桑站成立于1956年，是周至县农业农村局（原农牧局）下属事业单位。20世纪80年代办公地址位于周至县城西关瑞光路98号，占地面积4000余米^{2}，内设果树、蔬菜、蚕桑三个组，共有工作人员30余人，为当

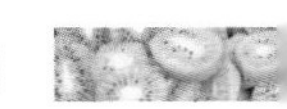

时陕西省第一个县级园艺大站。1990年周至县农业技术推广中心成立后，搬迁到周至县农商西街（东）10号。目前，有工作人员16人，其中高级职称4人、中级职称5人、助理农艺师4人。

周至县园艺蚕桑站

1978年，陕西省秦巴山区猕猴桃资源普查及利用研究课题由陕西省果树研究所牵头实施，周至县园艺蚕桑站承担了周至县域内秦岭北麓山区野生猕猴桃资源普查工作。普查工作由园艺站果树组组长张清明负责，组织园艺站工作人员及部分村级技术骨干共30余人组成普查组，于1979—1980年对周至县境内秦岭北麓的“九口十八峪”野生猕猴桃资源进行了为期两年的全面普查，收集野生猕猴桃资源20多个优株。其中在就峪乡（现楼观镇）就峪沟发现的野生优株，经过选育后培育出了陕西猕猴桃的第一个栽培品种——秦美。这是周至县对县域内秦岭北麓野生猕猴桃资源进行的第一次大范围普查。1981年3月，陕西省农业局印发《关于转发“省农作物、野生大豆、猕猴桃品种资源普查征集工作会议纪要”的通知》，周至县野生猕猴桃资源普查工作获得陕西省农业局资源普查征集工作一等奖。

1981年，周至县园艺蚕桑站在司竹公社金官村（今司竹镇金丰村）购置土地30亩，成立陕西省中华猕猴桃科技开发公司周至试验站，建立品种选育圃，对第一次野生资源普查获得的20多个优株进行嫁接归圃，开展品种选育工作。

1985年，周至县园艺蚕桑站编写的《周至县果树资源调查与区划报告》获陕西省农牧厅科技成果奖二等奖。

1986年，西安市农业局领导把周至猕猴桃带到北京，得到了农业部的重视。20世纪80年代末到90年代初，农业部每年通过项目投资支持周至县猕猴桃产业发展。在此期间，周至县园艺蚕桑站充分利用项目资金，先后在司竹镇金官村和红丰村、楼观镇周一村和新安村、终南镇寨子村、马召镇群兴村等进行猕猴桃建园，通过集中培训、现场指导，手把手教群众怎么栽苗、怎么建园，推广猕猴桃人工栽培3000余亩。在工作中不断总结经验教训，编写出

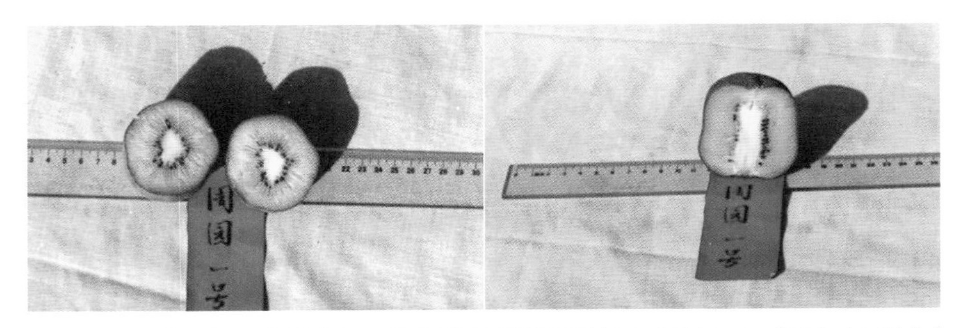

1995—1996 年指导哑柏镇商家堡村商慎明选育猕猴桃新品种周园一号（现名“哑特”）

了《周至县猕猴桃标准化栽培技术规程月历表》《猕猴桃栽培技术规范》等非常具有操作性、指导性的技术资料，广泛宣传，在全县范围内推广。

1998 年园艺蚕桑站开展猕猴桃野生资源调查工作

1994年，周至县园艺蚕桑站参与完成的“猕猴桃高产优质栽培技术开发研究”荣获西安市科学技术进步奖二等奖。

随着猕猴桃栽培面积的增加，“秦美”唱独角戏的品种单一问题逐步凸显。为了满足市场需求，推动猕猴桃产业的持续健康发展，1997年4月周至县农业委员会提出开展第二次野生猕猴桃资源调查工作。

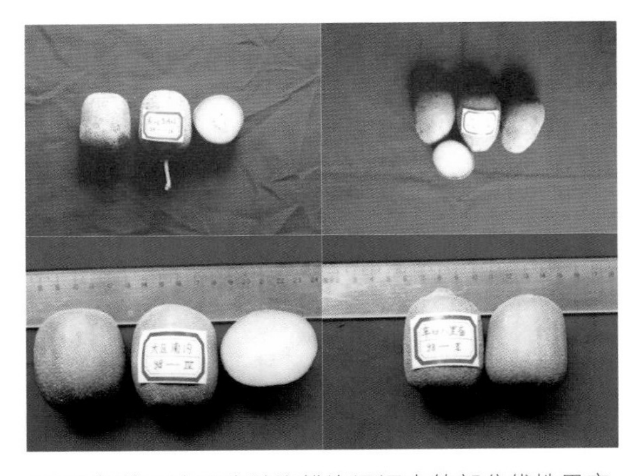

1998 年第二次野生猕猴桃资源调查的部分优株果实

在1997—1998年第二次野生猕猴桃资源调查工

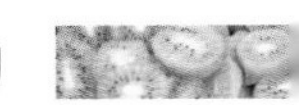

作中，周至县园艺蚕桑站与县农业技术推广中心组成50人的调查队，共同承担了调查任务。经过调查，优选出野生猕猴桃资源优株17个。其中，在�峪乡（现楼观镇）后嵕峪村阴沟南向坡发现了后来称为“西猕9号”的优株，在2008年被陕西省果树品种审定委员会审定为“翠香”品种。目前，翠香猕猴桃已成为我国猕猴桃市场最具优势的品种之一。

在周至猕猴桃的产业发展中，周至县园艺蚕桑站在技术推广、宣传推动中发挥了极其重要的作用。

周至县农业科学技术试验站

周至县农业科学技术试验站是周至县农业农村局下属公益性事业单位，位于周至县马召镇东火村，拥有耕地面积50亩。现有职工11人，其中高级农艺师2人、农艺师5人、助理农艺师3人、技术工1人。2000年以来，试验站专注于猕猴桃新品种引进、试验、选育、推广，以及山区野生猕猴桃资源保护工作。

周至县农业科学技术试验站

试验站的猕猴桃种质资源圃占地面积45亩，现收集优株共计89个。其中，国内外引进猕猴桃优株26个；秦岭北麓优株63个，均来源于周至县第二、三次野生猕猴桃资源调查。2015年，资源圃被西安市果业技术推广中心定为果树资源猕猴桃专业圃。

1998年，周至县第二次野生猕猴桃资源调查后，在周至县农业科学技术试验站建立猕猴桃种质资源圃，调查发现的17个野生优良单株全部嫁接入圃，开展生物学性状观察，暂定名西猕1-17号。

2002年，资源圃猕猴桃开始试挂果。其中，西猕9号优株以漂亮的果型、翠绿的果肉、甜酸馨香的口感在当年的品评会上获得与会专家的一致好评，定为重点优株。

2003—2006年，根据品种选育发展计划，分别在西安市周至县和灞桥区、宝鸡市眉县齐镇开展西猕9号区域引种试验，品种性状稳定，树体抗逆性强，抗溃疡病，非常适合在秦岭北麓大面积种植。

2007年1月，周至县农业局成立了以局长李明毅为组长，农业局副局长何恒春、果业局局长李玲玲为副组长的翠香（西猕9号）新品种申报小组，开展新品种申报工作。8月，西北农林科技大学李嘉瑞教授、肖宝祥教授、刘旭峰研究员及陕西省中华猕猴桃科技开发公司周至试验站站长张清明考察翠香猕猴桃母本园生长情况，翠香猕猴桃进行了现场评审答辩。

2007年8月西北农林科技大学李嘉瑞教授（右一）指导翠香猕猴桃品种选育工作

2008年4月，陕西省第四次果树品种审定委员会审定通过，准予翠香猕猴桃在陕西省适宜地区推广。2008年9月，颁发审定证书。

至此，经过10年的选育和区域试验，周至县农业科学技术试验站成功选育出了又一个具有地方特色的猕猴桃新品种，不仅填补了我国北方无中早熟品种的空白，同时为以后猕猴桃新品种的选育工作积累了丰富的经验。

2009年以来，翠香猕猴桃以优良的品种特性，赢得市场广泛赞誉。目前，翠香猕猴桃在北纬34°以南地区均有大量栽植，栽植总面积已达15万亩以上，年产值达20多亿元。2012年，“翠香猕猴桃新品种研发与推广”荣获西安市科学技术奖二等奖。

2008年，周至县农业科学技术试验站在骆峪镇串草坡村设立了陕西省周至县野生猕猴桃原生境保护区，保护区面积9480亩，内有230余架野生猕猴桃，设置了15个监测样方点。

2018年，为了进一步挖掘周至县秦岭北麓野生猕猴桃资源，丰富全县猕

猴桃品种资源储备，为下一步品种选育打好基础，周至县政府提出了开展野生猕猴桃资源调查工作。周至县农业农村局召开专题会议安排部署，周至县农业科学技术试验站具体组织实施。这是周至县自1978年以来开展的第三次野生猕猴桃资源调查。

2018 年山区野生猕猴桃资源调查工作会

2019年，周至县农业科学技术试验站在多年观察试验的基础上，把职工多年的管理经验转化为西安市地方标准《翠香猕猴桃栽培技术规程》(DB 6101/T 165—2020)，2020年4月通过专家评审，2020年11月12日发布，2020年12月12日正式实施。标准主要起草人：黄经营、金平涛、陈春晓、李勇超、王珂、侯东东、聂娉婷、王朝、韩亚维。

2020 年 4 月《翠香猕猴桃栽培技术规程》评审会

2020年11月，周至县农业科学技术试验站委托西北大学生命科学院开展翠香猕猴桃叶绿体全基因组测序及其品种分子鉴定研究，制作翠香DNA分子条形码，对优良性状基因进行标定。

陕西省中华猕猴桃科技开发公司周至试验站

陕西省中华猕猴桃科技开发公司周至试验站成立于1981年，是周至县园艺蚕桑站为全县第一次野生猕猴桃资源普查筛选出的优株建立选育圃时建设的，占地面积30亩，张清明任试验站站长，是周至县第一家开展猕猴桃品种选育与栽培技术研究的专业机构。建站初期，共有职工8人，其中专业技术人

周至县中华猕猴桃桃试验站站长张清明

员4人、技术工人4人。试验站主要进行野生猕猴桃资源征集和品种选育工作。1984—1985年，为争取科技部门的重大科技项目，经周至县政府研究决定，试验站划入周至县科技局下属单位，由陕西省科技厅代管，后归口周至县科技局管理。

1986年，在站长张清明的辛苦努力下，经过5年的精心选育，试验站选育的周至1-11和周至1-01获得国家品种审定，分别定名为秦美和秦翠。“秦美”成为我国猕猴桃大面积人工栽培的第一个品种，在猕猴桃品种选育和推动猕猴桃产业发展上具有划时代的意义。

秦美选育的成功，有力地推动了周至县猕猴桃产业的发展。猕猴桃试验站一方面继续进行品种的选育工作，同时配合产业的发展进行种苗的繁育工作，为周至猕猴桃产业的快速发展发挥了重要作用。1986年11月，陕西省中华猕猴桃科技开发公司周至试验站被国家科委中华猕猴桃科技开发公司评为国科“六五”科技攻关项目中华猕猴桃科技开发先进单位。1987年8月，陕西省中华猕猴桃科技开发公司周至试验站“猕猴桃系列育苗研究”获得陕西省农牧业科学技术研究成果奖三等奖。1988年，秦美猕猴桃在全国猕猴桃基地品种鉴评中荣获优良品种奖。1990年1月，陕西省中华猕猴桃科技开发公司周至试验站被农业部评为“七五”第一批名特优农产品项目建设先进单位。1991年1月，陕西省中华猕猴桃科技开发公司周至试验站的秦美、秦翠新品种的选育获得陕西省人民政府科技进步奖二等奖。

20世纪80年代末至90年代初，在张清明站长的带领下，陕西省中华猕猴桃科技开发公司周至试验站充分发挥技术优势，总结出秦美猕猴桃的生长发育规律和栽培管理技术，研究设计出以T形架为主的猕猴桃丰产架形。试验站的生产规模也不断扩大，最多时达500余亩。经过数十年的推广，秦美猕猴桃推广面积在周至县达10万亩以上，在全国累计达到35万亩以上。

进入21世纪以后，陕西省中华猕猴桃科技开发公司周至试验站在张清明

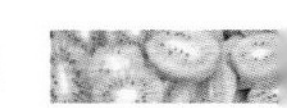

站长的带领下，面对科研经费紧张、科研人员不足的现状，仍然坚持进行品种选育，还先后参与了华优、金福、晚红等猕猴桃新品种的选育工作，并多次获奖。近年来，张清明站长在陕西省中华猕猴桃科技开发公司周至试验站开展了水杨桃嫁接猕猴桃的研究工作，特别是对水杨桃嫁接猕猴桃后出现“小脚”现象如何克服，有了新的研究进展。

秦美猕猴桃

陕西省中华猕猴桃科技开发公司周至试验站为周至县乃至全国猕猴桃规模化栽培做出了表率，为猕猴桃产业的发展做出了卓越的贡献。

陕西佰瑞猕猴桃研究院有限公司

陕西佰瑞猕猴桃研究院有限公司成立于2009年12月，位于周至县九峰镇，是由陕西省科技厅下属单位陕西省农村科技开发中心发起成立的以猕猴桃新品

陕西佰瑞猕猴桃研究院有限公司

种选育、产业技术研发、科技成果转化及产业化示范为主的科研与经营实体，寓意“博采仟佰、惠众福瑞”。公司总投资5000万元，建成了集猕猴桃工程技术研发大楼、国际科技交流中心、花粉工厂、育苗工厂、新品种新技术试验园和标准化示范基地为一体的陕西省猕猴桃科技创新园。公司现有员工34人，其中二级研究员1人、高级职称5人、中级职称6人、博士研究生2人、硕士研究生16人、本科生4人，团队科研及经营能力强，已选育猕猴桃新品种5个。

2015年9月中国猕猴桃产业技术创新战略联盟成立

公司以猕猴桃产业应用技术的研究为核心，以建立猕猴桃产业专业人才培养体系、产业技术体系（育苗、建园、栽培、采后、病虫害等）、机械化体系、农资体系和构建猕猴桃专业化创新服务体系为目标，致力于建立专业化的产业交流服务平台和产业集团公司，立志做中国猕猴桃产业技术创新和经营的主体。

公司先后被认定为国家级高新技术企业、国家级星创天地、陕西省级现代农业园区、西安市农业科技园区、陕西省职业农民技术实训基地、西安市农业产业化重点龙头企业，是中国猕猴桃产业技术创新战略联盟理事长单位、中国–新西兰国际猕猴桃联合研究中心和西安猕猴桃试验站挂靠单位，为陕西省猕猴桃工程技术研究中心共建单位。

中国－新西兰猕猴桃国际联合研究中心成立

2016年7月，陕西省科技厅批准了由陕西省农村科技开发中心、陕西佰瑞猕猴桃研究院有限公司、陕西师范大学食品工程与营养科学学院、陕西齐峰果业有限责任公司联合组建的陕西省猕猴桃工程技术研究中心。中心分别建设了4个研究室，

即猕猴桃育种研究室、栽培研究室、质量安全研究室、贮运与加工研究室；4个中试示范基地，即新品种示范基地、标准化栽培示范基地、贮藏保鲜中试基地、深加工中试基地；3个区域推广站，即西安猕猴桃试验站、武功猕猴桃试验站和汉中猕猴桃试验站。

2016年9月5日，陕西省农村科技开发中心与新西兰植物与食品研究院、新西兰佳沛公司签订三方战略合作协议，就猕猴桃栽培品种评价、土壤改良与营养管理、膨大剂依赖性消除、果品差异性解决方案、果品面源污染治理、授粉技术这6个方面签署了合作协议。合作协议的内容全部由陕西佰瑞猕猴桃研究院有限公司具体实施。

公司在新品种选育、商品花粉生产、优良种苗繁育、高端鲜果生产等方面也做出了突出的成绩。

在新品种选育方面，公司选育了5个新品种，其中“瑞玉”“碧玉”通过陕西省果树新品种审定，“瑞玉”和中华猕猴桃“璞玉”“金玉2号”取得国家植物新品种保护权证书。

猕猴桃新品种“瑞玉”

猕猴桃新品种“碧玉”

猕猴桃新品种“璞玉”

猕猴桃新品种“金玉2号”

在商品花粉生产方面，公司自主选育出瑞雄608、瑞雄609雄株品种，出粉量大、授粉效果俱佳，建成300亩雄花生产基地，研发出猕猴桃花粉分离器、花朵破碎-花药分离一体机、花药除湿干燥机、花粉溃疡病杀菌设备，年生产花粉500千克。公司生产的花粉纯度高、活力强，畅销全国7个省份15个主产县。

在优良种苗繁育方面，自主选育抗逆溃疡病砧木YZ310和YZ311，研发猕猴桃组培及脱毒种苗繁育技术，育苗工厂由组培室、炼苗联栋温室、大苗培育圃组成，年产优质脱毒大苗30万株。

在高端鲜果生产方面，以质量为核心，打造“佰瑞科技”知名品牌，按照有机生产技术标准组织生产，取得有机认证。制订了严格的鲜果质量标准和控制体系，从种植、管理、采收、贮存、市场等方面，层层把关，严格标准，注重细节。建立了完善的猕猴桃质量安全溯源体系，实现了从果园到餐桌的全程质量安全溯源。

西安市福兴果西选二号科技开发研究所

西安市福兴果西选二号科技开发研究所成立于2003年11月，位于周至县马召镇东火村，是一家集科研、生产为一体的民营研究机构，马占成担任所长。研究所拥有种质资源圃10亩，主要从事猕猴桃“西选”系列品种的研究和开发，以选育开发甜口感猕猴桃为目标，旨在丰富广大消费者的多样化需求。建所初期，有8名高级农艺师组成的专家组，技术工人13名，主要进行果园管理和国内“西选二号”发展地区的技术培训。

西安市福兴果西选二号科技开发研究所

1992年，周至县果农马占成在秦岭山区发现了黄肉猕猴桃优良单株，并将优株及配套雄株引回果园定植，进行观察选育。1996年，他从13株野生猕猴桃里精选出6个优良单株进行再嫁接选育。新嫁接的几十株猕猴桃

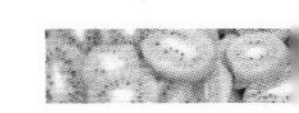

果实呈椭圆柱形，果面光滑无毛，果肉细腻呈淡黄色，味甜汁多，品种早熟丰产，抗病抗风，优点明显。2003年，西安市科技局组织鉴定委员会，对该品种进行了单项果品鉴定，一次通过并将品种暂定名为“西选二号”，列为西安市科技项目。

2004年，经过十余年的精心培育，西选二号猕猴桃通过了西安市首届猕猴桃优株优系登记暨评优会审查，并获得银奖。该品种的登记填补了陕西省缺少黄肉甜口感猕猴桃品种的空白，丰富了周至县猕猴桃的品种资源，被西安市列为重点发展品种，2006年，研究所实施了陕西省科委立项的“西选二号万亩基地建设项目”。2005年11月，马占成被周至县政府评为“对猕猴桃产业有突出贡献的先进个人”。2007年11月20日，马占成被中央电视台经济频道《经济半小时》栏目以“农民发展猕猴桃产业好过做房地产”为主题进行了专题报道。

2010年以后，受气候因素的影响，猕猴桃生产中雌雄株花期不遇的问题越来越突出，加之雄株配植不足，严重影响到猕猴桃的授粉受精、坐果结实。马占成在西北农林科技大学刘占德教授的指导下，把自己2008年从秦岭野生猕猴桃群落中发现的优良雄株，在自己的育种圃里，经过近十年观察试验，精心培育，选育出了一个猕猴桃雄株新品种暂定名为“天雄三号”。该雄株表现生长势强、萌芽率高、花期长、花粉量大的显著特点，可以与翠香、徐香、秦美花期相遇，自然授粉后果形好，果个大、果面美观，品质高。2019年，研究所委托西北农林科技大学眉县试验站，根据《植物新品种特异性、一致性和稳定性测试指南 猕猴桃属》有关测试规则，对天雄三号雄株的萌芽率、花序、花朵的性状进行了观察和测定。对照“秦雄401”雄株，其突出表现为萌芽率高（81.0%）、花期长（18天）、花粉活力高（79%）。

“天雄三号”雄株田间生产性状

西安市福兴果西选二号科技开发研究所在黄肉、甜味猕猴桃品种选育中填补了陕西省的空白，对促进周至县乃至陕西省猕猴桃产业的发展做出了重要贡献。

知名企业

随着周至猕猴桃产业的蓬勃发展，各类企业不断涌现，省级龙头企业有3家，市级龙头企业有9家。这些企业涉及种植、冷藏、加工、销售等方面，代表着全县猕猴桃产业的发展高度，展现着周至县猕猴桃产业的勃勃生机。

种植园区

周至猕猴桃种植由最初的以户为单位的小规模生产进入到企业化的大规模生产，经营模式也发生了较大的变化。由单一的果品生产发展到集生产、旅游观光为一体的都市农业、观光农业，涌现出一批省级果业示范园和市级果业示范园，成为周至县猕猴桃示范园区的新典范。

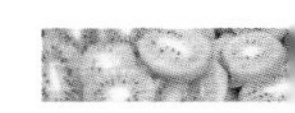

1. 陕西马召现代农业园区

陕西马召现代农业园区

陕西马召现代农业园区是周至县果业省级示范园区，由西安惠秦果业有限责任公司负责建设，位于周至县马召镇崇耕村。园区规划猕猴桃种植面积1万亩，分为生产和试验两部分。截至2020年，已建成2700余亩，年产鲜果5400吨。其中，生产区域以产量稳定、品质较优的翠香、徐香、哑特、海沃德等常规品种为主栽品种；试验区域以瑞玉为主栽品种，以农大郁香、猕香、金福等作为实验示范品系，园区累计改良新品种1000亩。园区与西北农林科技大学、陕西佰瑞猕猴桃研究院有限公司积极开展技术合作，有效提升了园区作务管理水平，已通过良好农业规范认证。通过对老旧果园的改造提升，建成了一批水肥一体化、物理防控、科学管理与化验检测系统配套的高标准新果园。全园不断进行技术创新，按照新西兰作务管理模式提质增效，积极探索建设新型牵引架，实施秸秆还田、生物菌肥等有机作务。园区采用“公司＋基地＋农户”的模式，高水平全程机械化有机作务，运用大数据智慧农业，按照欧盟标准生产高品质猕猴桃。通过“标准化（欧盟认证标准）＋品牌化（‘佳瑞’牌）＋基地化（大数据智慧农业）”，采用产品溯源系统，让消费者扫码就能全程监测到园区猕猴桃生长过程，吃到有欧盟认证的放心水果。园区按照欧盟认证标准生产管理，让高端果品销往全国，走向世界，为提高果品品质提供了有力保障。

2. 陕西佰瑞现代农业园区

陕西佰瑞现代农业园区是省级猕猴桃示范园区，由陕西佰瑞猕猴桃研究院有限公司负责建设，位于周至县集贤镇。陕西佰瑞猕猴桃研究院有限公司成立于2009年12月，是由陕西省农村科技开发中心发起成立的以猕猴桃新品种选育、产业技术研发、科技成果转化及产业化示范为主的科研与经营实体。园区猕猴桃种植面积5000亩，其中创新区25亩、核心区1275亩、示范区3700亩，年产鲜果7500吨。园区拥有集猕猴桃工程技术研发大楼、国际科技交流中心、花粉工厂、育苗工厂、新品种新技术试验园和标准化示范基地为一体的陕西省猕猴桃科技创新园。园区选育猕猴桃新品种5个，其中“瑞玉”“碧玉”通过陕西省果树新品种审定，“瑞玉”和中华猕猴桃“璞玉”“金玉2号”取得国家植物新品种保护权证书。自主选育出猕猴桃雄株品种瑞雄608、瑞雄609，建成300亩雄花生产基地，年生产花粉500千克。陕西佰瑞猕猴桃研究院有限公司秉承“博采仟佰、惠众福瑞”的发展理念，致力于猕猴桃产业应用技术的研究，以建立猕猴桃产业专业人才培养体系、产业技术体系（育苗、建园、栽培、采后、病虫害防治等）、机械化体系、农资体系和构建猕猴桃专业化创新服务体系为目标，旨在建立专业化的高品质产业园区，做中国猕猴桃产业技术创新和经营的主体，做大做强特色产业，支撑引领陕西全省乃至全国猕猴桃产业的健康可持续发展。

3.西安市金周至现代农业示范园区

西安市金周至现代农业示范园区

西安市金周至现代农业示范园区是市级示范园区，由周至县楼观镇周一村负责建设，西安金周至猕猴桃实业有限公司承担运营，位于周至县楼观镇周一村，涉及农户814户、3263人。周一村92%的农户参与猕猴桃产业，人均猕猴桃年收入1.5万元，占农民人均年收入的95%以上。园区主要以猕猴桃生产为主，主栽品种为翠香、徐香和海沃德。已建成1500亩示范园区，年产鲜果8500吨，鲜果销售收入5000万元。建成猕猴桃冷藏库60座，贮藏能力4000吨。在天猫、京东电商平台设立“周一村”猕猴桃线上销售店铺，已发展电商236家，被西安市商务局授予“电子商务示范村”荣誉称号。园区采取“公司+合作社+园区+农户”的经营模式，致力于农业生态环境的改变和农产品质量安全的提升，实现品质提升、收益提升，对周至猕猴桃产业起到积极的示范引领作用。

西安金周至猕猴桃实业有限公司位于周至县楼观镇周一村，成立于2010

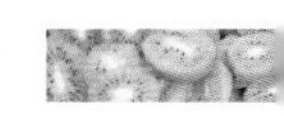

年3月，注册资金1000万元，主要业务为猕猴桃及时令水果的种植、贮藏、销售、生产技术培训和品种研发与新品种引进。公司按照规模化、标准化、市场化、国际化的理念，依托西北农林科技大学为技术支撑，在周一村建立猕猴桃示范基地5000亩，新建气调库和一般冷库15座，新增贮藏能力3000吨。

公司注册了“金周至”商标，与全国各大水果市场建立了互联网信息销售渠道，并通过各种渠道争取更多的外销市场订单，走小生产与大市场的对接，先后与家乐福、华润万家、金华新民果品等大型超市建立了鲜果购销合同，达到直接配送和农超对接。2020年，公司销售猕猴桃鲜果1万多吨，交易额8000多万元。经过10余年的艰苦创业，公司已成为集生产、包装、贮藏、销售为一体的猕猴桃产业化龙头企业。

4. 西安市秦星现代农业园区

西安市秦星现代农业园区是市级示范园区，由周至县姚力果业专业合作社建设，位于周至县司竹镇南淇水村。园区主要以猕猴桃生产基地建设、猕猴桃贮藏与销售等为主要业务，猕猴桃种植面积400亩，以翠香为主栽品种，年产鲜果1000吨；冷库贮藏能力1800吨，年销售猕猴桃鲜果6000多吨，销售额达到6000万元。

西安市秦星现代农业园区

园区采用节水灌溉即倒挂微喷灌溉方式，将传统的T形架改造成结实耐用、经济美观的大棚架型。安装太阳能杀虫灯，通过灯光诱杀害虫、降低虫口密度、减少杀虫剂使用次数和剂量等措施，保证果品绿色安全。园区坚持使用有机肥，保证土壤有机质含量，切实做到提质增效。园区负责建设高标准大帐气调千吨贮藏库，对于即食型翠香猕猴桃研究颇具成效，做到让消费者即买即食。通过引进阿里云ET（Evolutionary Technology，进化技术）农业大脑-AI（Artificial Intelligence，人工智能）种植产品系统的实施，提升基地标准化种植水平。园区坚持“以科技打造品牌、以质量开拓市场、靠信誉树立形象”的方针，有效调动了当地农民生产积极性，提高了农业综合生产能力，带动了当地经济发展。2016年，园区被评为“西安市现代农业园区”。2017年7月，园区取得绿色食品认证。

5. 西安市联诚现代农业园区

为加快园区建设，打造标准化栽植板块，周至联诚果业有限公司建成市级现代农业园区标准化示范基地。园区位于周至县西南塬区翠峰镇史务村，2018年8月通过市级验收，被认定为西安市第六批市级现代农业园区。园区规划猕猴桃种植面积1000亩，已完成猕猴桃新优品种嫁接800亩，建成猕猴桃雄株园及采摘园200亩，年产鲜果50吨。园区主栽瑞玉、农大郁香，搭配翠香、徐香、海沃德、哑特等品种；已建成金福新品种研发试验园。园区以打造有机猕猴桃为目标，采用国际标准的猕猴桃大棚架型，建设架上牵引架，实施猕猴桃架面枝蔓分层管理，简化操作管理，提质增效，降低成本。园区采用“公司＋科研单位＋基地＋农户”组织模式，围绕优质、高效、生态、安全的农业发展总要求，以务实、创新为统领，结合周至县猕猴桃产业发展实际，高起点、高标准、高效率规划建设猕猴桃标准农业示范园区，解决了企业与农户利益联结机制问题，带动贫困户368户。

西安市联诚现代农业园区

6. 西安市汇茂现代农业园区

西安市汇茂现代农业园区是周至县果业市级示范园区，由周至县汇茂果品专业合作社负责建设。合作社成立于2014年11月，注册资金1000万元，流转土地200亩，拥有200吨贮藏库一座。合作社主要业务有猕猴桃种植、贮藏、销售，宗旨是向越来越多的消费者提供更好吃、更健康的水果，致力于做天然的有机水果品牌。合作社的猕猴桃基地位于周至县楼观镇马岔村，土壤肥沃，

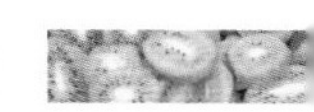

生态环境优越，按照有机猕猴桃种植技术规范化管理。

合作社自成立以来，利用优越的地理环境，瞄准产业发展方向，结合本地实际，开展有机认证，并注册了“大秦岭农庄”商标，实施品牌战略。基地主要种植品种有瑞玉、翠香等，已取得有机产品认证，2018年获西安市猕猴桃评优大赛优质奖，2019年获周至县旅游商品金奖。合作社打造“大秦岭农庄”猕猴桃品牌，销售网点遍及南北方市场，并逐步走向全国高端市场。

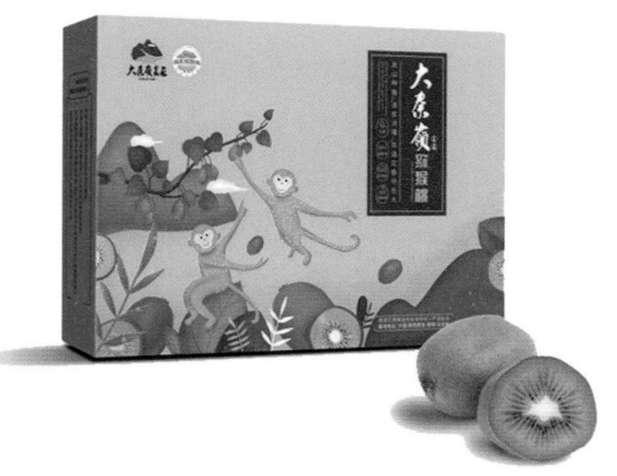

汇茂果品专业合作社“大秦岭农庄”猕猴桃

合作社在管理中保持有机农业的整体理念，使“大秦岭农庄”变成一个拥有自然周期和生命，能自给自足的生态系统，以保持猕猴桃的生长环境不受污染。基于此基础，与果农建立密切的利益联结机制，扩大种植面积，提供技术服务，统一技术标准，统一农资供应，建立质量溯源系统，生产更多高品质猕猴桃。合作社坚持做猕猴桃高端市场，做优、做强、做大“大秦岭农庄”品牌，让周至猕猴桃走向世界。

合作社在大力推进猕猴桃产业发展的同时，帮扶马岔村54户贫困户，为农户制定种植标准，提供技术指导，并全程监管种植过程，在保证有机种植理念的基础上，带领贫困户创收，为楼观镇脱贫攻坚工作做出了应有的贡献。

7. 西安市幸福源现代农业园区

西安市幸福源现代农业园区是市级示范园区，由西安幸福源现代农业有限公司负责建设，位于周至县广济镇南大坪村，始建于2011年3月。园区共有固定员工16人，其中技术人员5人；另有季节性工人150人。园区猕猴桃种植面积500亩，基础设施完善，修整园区道路3500米，打深水机井2口，建大型储水池100米^3，铺设地埋管道2200米，节水微喷管道6万米，全部实施节水灌溉。品种以美味系列为主，涉及农大郁香、翠香、瑞玉、海沃德、徐香、金福、猕香、哑特、紫玉等9个优良品种（系）。

幸福源有机猕猴桃标准化示范园区实行有机标准生产。园区采用大棚架，全部果园生草，重施有机肥，不施化肥农药；树体采用单杆上架、少枝多芽、枝条长放修剪。园区把“细节决定成败，结果源于过程”作为每位员工的行为准则，遵循“诚实守信、质量至上，科技创新、精益求精”的企业宗旨，以“绿色生态、健康人类”作为企业理念，科学管理，按照联合国粮农组织良好农业操作规范框架为标准，在生产环节上实行精细化、标准化。2013年，经西北农林科技大学食品学院有机食品认证中心对园区空气、水、土进行检测，均符合有机认定标准。园区以“生产纯有机，高营养、无污染、走高端”作为企业的经营目标，其猕猴桃以“幸福”品牌进入国内高端市场，品质优良，深受广大消费者青睐。

8.西安市军寨现代农业园区

西安市军寨现代农业园区是市级示范园区，由周至军寨猕猴桃专业合作社负责建设，位于周至县楼观镇军寨村，是周至县猕猴桃最佳适生区之一。园区按照现代农业示范园建设标准，建设猕猴桃示范基地3015亩，建设军寨村猕猴桃产业化服务中心，占地面积15亩，完善灌溉设施、生产道路、供电通信等基础设施建设。园区主栽品种有瑞玉、翠香、海沃德。

依托陕西佰瑞猕猴桃研究院的技术支持，园区全部改良大棚架，采用牵引架平衡营养生长；示范园区全面实施水肥一体化，做到了精准施肥、节水灌溉。园区栽培猕猴桃时间久，突出特点是群众具有丰富的种植经验，作务水平高，因此产量高、品质好，经济效益也较显著。园区坚持绿色食品生产标准，生产高品质猕猴桃。2017年，被陕西省企业质量管理中心授予陕西省放心农产品示范单位。依托果业项目支持，合作社建设了千吨气调冷库，年贮存量1300吨，并注册了“陶妹妹”“美陶”商标，开展线上线下销售，统一包装销往全国各地，年销售量5200吨，产值2600万元，果农年人均净收入8653元，带动就业38人。园区以“合作社+农户”管理模式，统一进行管理，以生产优质原生态的猕猴桃为宗旨，打造让消费者放心的高品质农业示范园区。

9.西安市竹林现代农业园区

西安市竹林现代农业园区是市级示范园区，由西安竹林生态农牧业有限公

司负责建设，位于周至县广济镇南大坪村。西安竹林生态农牧业有限公司是以种植业和养殖业为主、兼营农产品销售的农业产业化民营股份制企业，被西北农林科技大学选定为教学科研示范基地。园区猕猴桃种植面积300亩，年产鲜果450吨。园区建有两个气调冷库，存储量分别为1000吨和300吨，主要种植翠香、徐香、海沃德、华优、金艳等多个优质品种，实现绿肉、黄肉品种兼具，产品种类丰富。

园区承担西安市生猪活体储备生产任务600头，所产有机肥全部用于猕猴桃果园，改良园区土壤，提高猕猴桃品质。企业致力于先进的技术设施、优良品种和循环农业经济相结合，采用“畜-沼-果”一体化循环模式，是新型特色农业园区，实现技术创新，并发挥实验、示范、推广辐射作用。园区坚持以市场为导向，以满足消费者对猕猴桃消费需求为目的，努力提高周至县猕猴桃的产业标准化、规模化、市场化程度，延长产业链，增加猕猴桃产品的附加值。

贮藏企业

美味猕猴桃含糖量达到6.5%～7.0%的时候即为成熟。成熟后的猕猴桃果实硬度比较大，不能食用，需要在冷库后熟处理，果实出现轻微软化后才能去皮食用。猕猴桃采收后在常温下最多可贮藏7～20天，采后贮藏保鲜已成为产业链上必不可少的一环。从20世纪90年代至今，建设猕猴桃冷库一直是周至县猕猴桃产业发展的工作重心之一。

周至县农业农村局2019年冷库情况摸底统计显示：全县拥有猕猴桃贮藏库2600余座，其中千吨以上高档气调冷库46座。贮藏能力35万吨。终南镇千吨以上冷库5座，总冷库239座；青化镇千吨库3座，总冷库235座；司竹镇千吨冷库18座，总冷库685座；楼观镇千吨冷库12座，总冷库659座；马召镇千吨以

西安翌佳欣果品专业合作社冷库

上冷库5座，总冷库197座；哑柏镇千吨冷库3座，总冷库665座。

冷库极大地解决了猕猴桃鲜果集中上市的矛盾，使消费者在一年里的大多数时间都能品尝到成熟新鲜的猕猴桃。目前，通过品种研究，已开发出可以贮存时间长达10个月的猕猴桃鲜果，周至猕猴桃有望周年供应市场。

1.陕西省科技厅千吨气调冷库

陕西省科技厅千吨气调冷库

1983年，陕西省科技厅为了配合国家发展猕猴桃的战略，新成立了陕西省中华猕猴桃科技开发公司。1991年，陕西省科技厅原人事处处长杨德安为家乡干实事，当起工程监理，负责冷库建设。1992年，公司在周至县辛家寨乡征地，筹集资金500万元，由上海的制冷设备专业公司负责设计图纸并建设，选用当时国内最先进的冷库设备、材料，建设了一座千吨猕猴桃冷库。冷库建好后，聘请冷库管理经验丰富的技术人员进行管理，并按照猕猴桃采后的呼吸规律，研究出一套独特的贮存办法。

冷库建成后当年，收购了60吨的秦美猕猴桃鲜果做贮藏试验。到第二年的“五一”劳动节，测试了含糖量和硬度，商品果保持了70%的好果率。冷库贮存猕猴桃成功的消息在全县引起轰动，猕猴桃从业者纷纷到冷库参观，了解冷库情况。对此，杨德安将贮藏经验倾囊相授。在陕西省科技厅冷库的带动下，1994年周至县发展各类冷库43座，库容量达到3000吨。为带动冷库建设，周至县政府将陕西省科技厅千吨气调冷库当作宣传典型，至1997年全县冷库达到了160多座，库容也达到了3万吨。20世纪90年代，陕西省科技厅冷库的贮存质量一直位于全县前列，极大地带动了周至猕猴桃贮藏业的发展。这是周至县首家千吨冷库，至今仍在为周至猕猴桃的贮藏贡献力量。

2.西安市北吉果蔬专业合作社

西安市北吉果蔬专业合作社成立于2009年5月，位于富仁镇和平村，理事长赵欣，注册资本1010万元，加盟社员204户，是一家专业从事猕猴桃品种

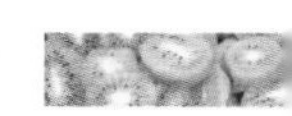

选育、加工、销售、鲜果气调保鲜贮藏的合作社。2016年，被西安市农业林业委员会评为“重点龙头企业”。

北吉果业猕猴桃分选线

合作社以“基地+农户+合作社+市场”的产业化经营模式，立足本地优势，面向国内大市场，依靠科技进步，形成规模经营。合作社推行现代化订单农业，与农户的联结可靠、稳定，带动近2000余户农户发展生产，为农村大量富余劳动力提供就业，实现产、供、销一条龙服务，带动果农增收增效。合作社建立多种销售模式，在全国多地建立了销售网点，与各大超市建立了稳定的供求关系，是泰国卜蜂莲花连锁超市、法国家乐福连锁超市的长期固定供应商，是乐购超市、沃尔玛超市的第三方供货商，还是叮咚买菜、盒马鲜生的合作供应商。合作社在全国拥有销售网点200多个，拥有供货基地2万余亩，直采供货农户达6000多户，销售品种达100多种，年销售额过亿元。

合作社在天猫平台建立了独立自主的农产品销售电子商务旗舰店，依托合作社采、供货大批量的优势及3000吨气调库的便利条件，在线上广泛销售陕西及全国各地的各种水果、进口水果及其优质农副产品，发挥龙头企业带头作用。

加工企业

20世纪90年代，周至猕猴桃由西安市秦美食品有限公司开创了加工业的先河，可生产八大类11个产品，被《瞭望》杂志评为国内最大的猕猴桃深加工企业。2000年后，以猕猴桃果脯生产为代表的加工业发展比较迅猛，全县发展了38家。2010年后，以果脯、果晶、脆片、速冻为主的加工品占据主流。

1. 西安市山美食品有限公司

西安市山美食品有限公司创建于2006年4月，注册资金约1076万元，生

西安市山美食品有限公司

黄金果果干

产经营地址在周至县马召镇四群村，厂区占地面积70余亩，建筑面积1.32万米^{2}，主营猕猴桃鲜果、深加工产品等。公司已通过国家质量安全（QS）认证、ISO9001质量管理体系和食品危害分析与关键控制点（HACCP）体系认证，并获得出口产品卫生许可证等。2008年，被西安市政府认定为市级农业产业化重点龙头企业、评选为“全市果业工作优秀企业”。2012年，被西安市科技局、西安市农业委员会等部门联合认定为“西安市科技型龙头企业”。2013年5月，被西安市科技局认定为西安市民营科技企业。2014年1月，经陕西省农业厅、发改委、财政厅等20多家单位认定为“陕西省农业产业化重点龙头企业”。2018—2020年，被国家税务部门评为“A级纳税人”称号。2018年1月，“山美”牌猕猴桃凉果被西安市市场监督管理局评为“西安市名牌产品”。

经过十多年的发展，公司目前拥有果干生产线10条，年产3000吨；果酒生产线2条，年产1000吨；猕猴桃罐头生产线1条，年产1000吨；猕猴桃果露酒生产线1条，年产3000吨。公司产品分为六大系列，分别是果品原料系列；果粒、果肉果酱、馅料、罐头系列；休闲食品系列；果酒产品系列，如猕猴桃果酒、猕猴桃果露酒；鲜果贸易系列。公司每年加工猕猴桃8000吨左右，连续几年产值4000万元左右。公司的内销销售网点遍布全国各地，主要分布在山东、河北、广东、福建、云南、河南、贵州等地，出口业务主要分布在东南亚各国。

2.西安市聚仙食品有限公司

西安市聚仙食品有限公司包装车间

西安市聚仙食品有限公司成立于1985年6月，位于周至县108国道与南横线十字路口西500米处。公司旗下有年深加工5000吨猕猴桃果干生产线、年产2万吨的速冻食品生产线、2条猕猴桃鲜果全自动分选线、2000吨气调冷库、3000吨低温冷藏库及6000亩猕猴桃种植基地。

公司现已成为集猕猴桃种植、生产、贮藏、加工、科研、销售、冷链配送为一体的一二三产业融合发展的省级农业产业化重点龙头企业，先后获得“陕西省农业产业化明星企业”“陕西省民营科技企业”“陕西省转型升级示范企业”“陕西省扶贫龙头企业”等荣誉称号。

公司与西北农林科技大学、陕西师范大学食品工程与营养科学学院签约联合开发和种植猕猴桃高端科技产品。公司现有猕猴桃果干、速冻猕猴桃球、速冻猕猴桃丁、速冻猕猴桃片、猕猴桃果汁、猕猴桃果浆等加工产品。

公司设有猕猴桃基地、农业专业合作社、鲜果销售、深加工、速冻、电子商务、科研等多部门，并和多家猕猴桃专业合作社签订合作联盟协议，实行“龙头企业+基地+合作社+农户”的经营模式，提高猕猴桃的品质和猕猴桃深加工产品的质量，为国内外消费者提供更健康、安全、营养的绿色食品。

公司自成立以来，坚持以质量求生存，以信誉求发展，通过了全球良好农业规范体系认证、ISO9000质量管理体系认证、HACCP体系认证和英国零售商协会体系认证。公司有陕西省著名商标“聚仙”和“仙猕”，产品分别为“聚仙”牌鲜猕猴桃、“聚仙”牌速冻果蔬产品、“仙猕”牌猕猴桃蜜饯。

西安市聚仙食品有限公司产品

公司给国内外知名企业供货，如星巴克、百草味、家家悦等，产品销往北京、天津、重庆、上海、广州、深圳等260个大中型城市，海外已经销往美国、英国、俄罗斯、泰国、韩国等16个国家，产品供不应求，深受国内外消费者的青睐。

公司年销售收入达9100万元以上，年收购果农猕猴桃及其他鲜果1万余吨，带动农户6500多户，带动贫困户300多户，为周至猕猴桃产业健康发展和农民增产增收发挥了巨大的带头作用，取得了良好的经济效益和社会效益。

3. 西安市亿慧食品有限责任公司

西安市亿慧食品有限责任公司创立于2007年5月，位于周至县哑柏镇哑翠一路中段，占地面积14亩，是以猕猴桃果品深加工为主，集技术研究、产品开发、生产销售为一体的民营科技型企业，产品出口韩国、俄罗斯、美国、泰国、荷兰、比利时、马来西亚、印度等国家。公司现有长期固定人员68人，其中高、中级管理和技术人员13人，是周至县规模较大的猕猴桃加工企业。

公司以周至优质猕猴桃为原材料，严格执行国家相关标准，率先将高科技引入生产环节，增加环保设施，采用国家领先的生产工艺和设备，建立精细化管理模式，通过了HACCP体系认证和ISO9001质量管理体系及环评认证，实现了品牌和规模的双向发展。目前，年生产猕猴桃凉果3000吨，加工猕猴桃鲜果9000吨。

企业在做大做强的同时，也以满腔热忱开展了扶贫帮困工作。从2008年开始至今，总计资助资金56.6万元，为哑柏镇六屯、上阳化、庄头、槐花等村村民打井、修路，建设党员活动中心，给困难职工支助医疗费用。积极参加周至县慈善协会、县经济贸易局组织的扶贫帮困活动。在骆峪镇神灵寺村、复兴寨村、竹峪镇谭家寨村扶贫13.2万元。2018年度直接帮扶贫困户21户80人，间接带动果农1348户。公司接收残疾人、贫困户12人，安排力所能及的岗位就业，年增加其收入34万元。每年仅削皮切片直接增加果农收入400多万元。

西安市亿慧食品有限责任公司系列产品

4. 陕西华浦果业有限公司

陕西华浦果业有限公司生产车间

陕西华浦果业有限公司成立于2019年1月，位于周至县楼观镇省村三组，注册资金750万元，法人代表吕群建，公司员工85人。公司专业从事蜜饯的加工、销售，果蔬的种植、储藏、销售，自营和代理各类商品和技术的出口业务，是集生产、贸易、科研及社会化服务为一体的股份制民营企业。

2019年成立后，公司当年生产猕猴桃切片5000吨，出口泰国、印度、俄罗斯等国家，实现创汇400多万美元，创造利润812万元。

2020年，借着企业良好的前景及国际市场需求，公司不断扩建加工设施设备，以满足公司订单和市场需求。改造建成后，年加工猕猴桃鲜片8500吨，年产猕猴桃果脯3000吨，可实现营业收入6900万元。

销售企业

在20世纪90年代以前，周至猕猴桃鲜果销售是以果农自产自销为主流的销售大军闯市场，后来逐渐发展为专业化销售。目前，全县有大型销售公司10家，中小型冷库企业2000多家，这些企业承担着全县52万吨猕猴桃鲜果的销售。

1. 西安金周现代农业有限公司

西安金周现代农业有限公司成立于2017年12月，经营地址位于周至县广济镇南大坪村，占地面积180亩，冷库贮藏能力6000多吨，是一家专业的猕猴桃销售公司。公司前身是北京秦人瑞博商贸有限公司。

公司以打造“好吃的猕猴桃”作为追求目标，主要经营农产品的收购、储藏、销售，冷链物流服务，农产品种植、加工等。公司法人代表丁小俊，陕西周至人，从事猕猴桃销售30多年，是周至县最早从事猕猴桃销售的带头人之一。公司拥有“金周猕猴桃”“金周”图案注册商标及“jzxdny.cn”网站，在国内主要大中型城市如北京、上海、广州、哈尔滨、沈阳等设立销售点10多家，电商线上营销网站1个，年销售猕猴桃1万余吨。

丁小俊

在销售方面，实施合作社基地种植、鲜果商品化标准收购一条龙的服务模式，为广大消费者提供安全、优质的精品猕猴桃。合作社种植的猕猴桃在品质、食品安全等方面都有严格的市场追溯制度，切实保障消费者权益。公司现有专业的猕猴桃种植、贮藏技术团队，以及销售团队和冷链物流运输团队。近2年来，公司试销以郁香为代表的即食猕猴桃，市场表现良好，有强大的市场竞争力。2021年3月，公司获得独家授权种植、销售郁香等猕猴桃品种。

2017年12月，公司与广济镇南大坪村126户贫困户签订产业脱贫帮扶协议，从猕猴桃种植、销售、安置就业等方面积极帮扶，取得了良好的帮扶效果。

2.周至县秦人果业专业合作社

周至县秦人果业专业合作社理事长刘先进，在外创业致富20多年，仍心系家乡发展。2016年，刘先进回乡创业，建造千吨冷库3座，种植猕猴桃3000亩，有效地带动了周边地区的经济发展。

为了帮助家乡父老乡亲早日脱贫致富，2017年合作社紧跟党和国家政策、方针，成立了周至县秦人果业专业合作社产业精准扶贫办公室，收集贫困户信息，并建立了周至县秦人果业专业合作社扶贫基地。合作社对周边地区贫困户情况进行筛查和摸底，了解贫困户和残疾人的实际情况，依据自身条件，制定了扶贫规划和实施方

刘先进

案，通过“合作社＋贫困户＋残疾人”这种模式，帮助贫困户和残疾人脱贫致富。截至2021年4月，合作社向贫困户提供劳动就业约1000人次，人均年收入4万元，真正提高了贫困户的家庭收入。

对于丧失劳动力的贫困户，合作社征询意愿，与其签订收购合同，免费提供猕猴桃种植技术指导，对其种植的产品以高于市场15%的价格进行收购。2020年，合作社已向20户贫困户提供此项服务，有效地避免了贫困户因产品滞销导致的经济损失，从而保障贫困户收入。对有劳动能力的残疾人家庭，免费提供农资、农具等土地种植必需物资，帮助猕猴桃种植工作的顺利开展，保障种植收入。

截至2020年12月，合作社员工年人均收入3万元，共计发放工资150余万元；收购贫困户猕猴桃310吨，约186万元；资助残疾人生活物资5万元、生产资料2万元，企业年均残疾人帮扶支出约15万元。合作社的扶贫工作受到各级领导的认可，2018年被西安市国税局评为“A级纳税个人”，2019年获评“西安市十佳最美合作社”，2020年获评“西安市十佳带贫益贫农民专业合作社”，2020年被评定为“国家农民合作社示范社”。

3. 西安市兴鸿果业有限公司

西安市兴鸿果业有限公司成立于2013年10月，是西安市农业产业化重点龙头企业。公司注册资金500万元，在原西安市昌鸿猕猴桃专业合作社基础上投资了780.9万元，新建高标准冷库贮藏能力2000吨、果品包装车间1座，建设办公接待、质量检测、信息服务等用房5间共2层，包装库房面积648.4米^2。公司现有员工36人，其中高级职称3人、中级职称2人、管理人员6人。公司发展理念为“立足本地、发展果业、敬业忠诚、创业服务、提质增效”，创绿色生态基地。公司的合作社基地加盟会员356户，种植面积1200余亩。

西安市兴鸿果业有限公司

公司提出销售“倒逼”生产的模式，坚持“好水果是种出来的”。2015年开始，开展猕猴桃的科学采收技术研究与应用，在周边冷库推广绿色防腐贮藏技术体系及“四度”管理法（差压预冷、逐步降温、动态管理、绿色防腐）。出库推行“后熟技术”（差压升温、适温催熟、气体干预、精准保鲜）以延长货架期，达到即买即食。2020年“徐香”即食猕猴桃受到业界和主管部门的认可，将猕猴桃贮藏至来年“五一”劳动节前后。

坚持让利于民打造品牌。2019年在海沃德猕猴桃大幅降价的背景下，坚持质量定价，高价收购猕猴桃5000多吨。在2020年抗击新冠肺炎疫情期间，坚持疫情防控大于一切，积极疏通交通、物流、包装等障碍，带头复工复产，联系大型商超促进周至猕猴桃的顺畅销售，累计销售猕猴桃3000多吨，确保市场供应。

积极响应国家号召，参与脱贫攻坚与乡村振兴。公司通过贫困户劳务就业、发放农资、技术指导、订单农业等方式，精准扶贫建档立卡户174户，辐射带动贫困户600多户。

西安市兴鸿果业有限公司包装车间

公司注重市场和品牌建设，年收贮猕猴桃5000余吨，年销售额5000多万元。“昌鸿”牌猕猴桃在上海、浙江、内蒙古等市场受到好评，率先把猕猴桃销往蒙古、俄罗斯等国。公司被全国城市农贸中心联合会评为2014年度全国农产品批发市场行业果品类“百强批发商”，荣获陕西省2016年电子商务示范社，获得2020年陕西省民生保障重点企业等荣誉；公司产品先后获得2015年第22届中国杨陵农业高新科技成果博览会后稷奖、2015年西安市猕猴桃评优大赛金奖、2018年西安市猕猴桃评优大赛银奖、2019年西安市猕猴桃评优大赛金奖等荣誉。

人物风采

周至县历史悠久，文化灿烂，物阜民丰，人杰地灵。厚重的历史文化孕育了周至人热情奔放、秉性耿直、勤劳奋斗、不畏艰险、勇于探索、敢为人先的人文特质。正是一代又一代周至儿女的辛勤耕耘，才谱写了周至猕猴桃产业发展的华彩篇章。

张清明——猕猴桃产业的先驱者

张清明，1933年7月出生于陕西省城固县，1958年1月毕业于陕西省武功农业学校果蔬专业，同年参加工作；中共党员、高级农艺师，陕西省中华猕猴桃科技开发公司周至试验站站长，西安市有突出贡献的专业技术人才，享受政府特殊津贴。2021年2月去世，享年88岁。

张清明

1981年受命创办陕西省中华猕猴桃科技开发公司周至试验站，建设人工商品栽培猕猴桃示范基地500亩，成为我国将野生猕猴桃资源转化为人工商品栽培的第一人。1986年被国家科委中华猕猴桃科技开发公司授予“先进个人”称号。他主持选育并推广的“秦美”猕猴桃新品种，填补了陕西省栽培猕猴桃品种的空白，获陕西省科技进步奖二等奖。20世纪80年代，他摸索出猕猴桃T形架栽培树形，很快在全国推广，收到很好的效益。他观察猕猴桃的生长发育规律，记载猕猴桃的物候期，并提出一系列猕猴桃的施肥、修剪、摘心、雌雄株配比、疏花疏果等技术措施，通过培训、报刊、墙报等形式向群众进行宣传，在全国猕猴桃栽培领域创造了多个第一，受到全社会的广泛欢迎。

2001年退休后，他仍以站为家，潜心钻研猕猴桃技术。由他创立的盆栽猕猴桃在全国猕猴桃界掀起了一股风暴。他关于对萼猕猴桃嫁接栽培猕猴桃的研究有独到之处，对“金福”优株的试验性栽培起到锦上添花的作用。

由他参与合作选育的“华优”猕猴桃新品种，2006年通过省级品种审定，2007年获国务院科技成果转化资金支持，2008年获西安市科技进步奖一等奖，2009年获陕西省科学技术奖一等奖。由他合作选育的“晚红”猕猴桃新品种，2008年通过省级品种审定，2009年获宝鸡市科技进步奖二等奖。由他选育已通过审定的新品种有4个，占陕西全省审定猕猴桃新品种的40%。同时，在栽培、修剪、病虫害防治等诸多方面，他也做出了突出的成绩，

1989年5月西安市猕猴桃现场会在周至试验站召开

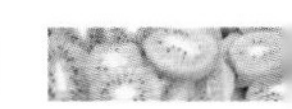

曾先后获中国农业科学院、陕西省政府、陕西省科技厅、陕西省农业厅和西安市政府科技成果一、二、三等奖8个，“先进个人”称号12次，被评为周至县猕猴桃产业建设先进个人、有突出贡献的技术性人才。

雷玉山——把猕猴桃研究作为神圣使命的人

雷玉山

雷玉山，生于1963年9月，果树学硕士，二级研究员，陕西省第二批特聘“三秦学者”，享受国务院政府特殊津贴专家。先后荣获“全国先进工作者”“陕西省先进工作者”“陕西省有突出贡献专家”“西安市十佳农业科技工作者”等荣誉称号。现任陕西省农村科技开发中心主任、陕西省猕猴桃工程技术研究中心主任、陕西佰瑞猕猴桃研究院有限公司首席科学家，兼任中国猕猴桃产业技术创新战略联盟理事长、中国园艺学会猕猴桃分会副理事长、陕西省园艺学会副理事长等职，被新西兰植物与食品研究院授予荣誉研究员。

他长期从事农业科研与技术推广工作，在猕猴桃品种选育、栽培及贮运保鲜技术研究方面做出了突出贡献。

针对生产上存在授粉树配置不合理或没有授粉树、授粉技术落后、滥用膨大剂增大果实等严重问题，雷玉山通过消化吸收国内外相关技术，自主研究设计了花朵破碎机、花药筛分机、花粉分离机等3台核心设备，获国家专利3项。

为了让农民尽快掌握猕猴桃栽培新技术，采取“边试验研究、边中试转化、边推广应用”的工作路径，大力开展猕猴桃优质高产技术培训。近5年来，累计举行各类猕猴桃技术培训班50余次，培训猕猴桃技术人员及农民5000余人，足迹遍及陕西省各猕猴桃生产区。

加快陕西猕猴桃产业发展，离不开优良品种的支撑。为了培育综合性状优良、适宜秦岭北麓栽植的好品种，雷玉山带领课题组深入秦岭、巴山、伏牛山、武当山，翻山越岭，上山下沟，对猕猴桃种质资源进行系统调查和挖掘利用研究，收集野生种质资源65份，引进国内外猕猴桃新品种31个，建立

雷玉山在观察猕猴桃长势情况

秦巴山猕猴桃种质资源圃和基因库，重点进行种质材料创新和优质高产抗病猕猴桃新品种选育。

按照陕西省猕猴桃产区的气候带划分，分别在关中、陕南和陕北建立周至猕猴桃创新园、武功猕猴桃试验站和汉中猕猴桃研究所。基地建设为新品种示范创造了条件，为当地农民提供了技术服务，为猕猴桃新区发展提供了技术支持，农民都说他是猕猴桃技术的传播人。

雷玉山自2011年到访新西兰植物与食品研究院以后，就与之结下了深厚友谊。2012年他代表陕西省农村科技开发中心和新西兰植物与食品研究院签订了合作意向书。此后双方合作研究与学术交流不断深入，先后邀请13位新西兰植物与食品研究院科学家到访陕西，进行科研合作与学术交流，共同举办了5场学术研讨会。

2015年9月，陕西省农村科技开发中心、新西兰植物与食品研究院、新西兰佳沛公司三方签署了猕猴桃国际联合研究中心科技合作协议书。三年来的科技合作涉及6项专题研究，达到了预期效果。

雷玉山主持完成的科技成果，荣获陕西省科学技术奖3项。主持选育华优、瑞玉、璞玉等新品种6个，通过陕西省果树品种审定委员会审定，其中华优、瑞玉、璞玉、金玉2号取得国家植物新品种保护权。先后主持完成国家、省级科研开发项目20余项，是国家科技支撑计划子课题、国家国际科技合作专项、国家星火计划、陕西省重点研发计划等项目的主持人，陕西省猕猴桃首席专家。主持完成的新品种新技术成果，推动了猕猴桃产业转型升级和提质增效。在核心期刊发表学术论文20余篇，其中SCI收录3篇，主编《猕猴桃无公害生产技术》《猕猴桃提质增效关键技术》著作2部，参编《中国猕猴桃研究进展》等专著3部，获得专利授权4项、科技成果10余项。

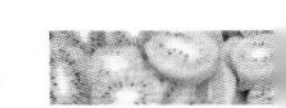

索江涛——勇担科技助农使命的猕猴桃专家

索江涛

索江涛，1984年出生，陕西周至人，果树学博士，研究方向是猕猴桃标准化种植与贮藏保鲜及商品化处理技术。现任陕西省农村科技开发中心科研开发部部长、陕西佰瑞猕猴桃研究院有限公司总经理，兼任陕西省猕猴桃工程技术研究中心副主任、中国-新西兰猕猴桃国际联合研究中心理事、陕西省科技特派员、中国猕猴桃产业技术创新战略联盟秘书长和国家猕猴桃科技创新战略联盟副秘书长。先后赴新西兰学习猕猴桃商品花粉生产技术和果园管理及栽培技术，赴新西兰、葡萄牙、意大利交流学习园艺产品采后保鲜、栽培技术和贮运技术，师从新西兰Pollen Plus公司技术总监史蒂夫·桑德斯，历任环球园艺（西安）有限责任公司基地总监和花粉产业子公司总经理，从事环球园艺7000亩基地果园的技术和生产管理。硕士及博士阶段师从国内著名采后贮藏专家、西北农林科技大学饶景萍教授，主要研究苹果、猕猴桃贮藏保鲜及商品化处理技术。

索江涛大胆创新农业科技服务模式，发挥所在陕西佰瑞猕猴桃研究院雄厚科研力量的优势，协同行业专家，组成服务团队，建立了广泛分布于陕西省猕猴桃主产区23个乡镇的猕猴桃科技服务中心和60多个村级服务站，提出“做给农户看，带着农户干，帮着农户销，产销共发展”的系统性科技服务模式：在每个服务站点建立3～5亩的科技示范园，做给农户看；发展加盟果园，组织系统化培训与技术指导，实现带着农户干；积极对接市场，制定质量标准，推行“品种＋品质＋品牌”的产业发展模式，培育高端品牌，落实帮着农户销。

深入田间地头开展技术指导和技术培训，编制技术资料，线上线下同步进行，服务区域覆盖全国猕猴桃主产区。两年间，深入全国30多个猕猴桃主产区开展种植技术指导和培训70余场次，培训人数5000人次以上，深受行业好评；在陕西省内猕猴桃主产区周至、渭南、眉县、武功、城固、岚皋、汉阴等地，每个物候期组织开展技术指导和技术培训，培训场次160余场，受众1.5万余人次。积极开展新品种和新技术的推广示范，累计个人推广瑞玉猕猴

索江涛在作猕猴桃科技服务讲座

桃新品种3000余亩，推广一主两蔓、果园生草、绿色壮果、隔株挂果、商品花粉授粉、猕猴桃绿色防腐保鲜和商品化处理等新技术1万余亩，显著促进产业升级换代，推动猕猴桃产业科技成果转化业绩突出。

猕猴桃是典型的呼吸跃变型水果，鲜果采摘不能立即食用，需要后熟软化，让淀粉分解转化成糖酸才能达到食用要求，这也是为什么消费者购买后需要放置一段时间才能食用的原因。即食猕猴桃是根据猕猴桃采后生理特点通过一系列温度、湿度和气体环境的动态调节促进果实淀粉转化，同时延缓果胶降解，让果实在维持一定硬度和货架期的前提下，淀粉完全转化，口感俱佳，实现消费者买到就能吃，而且保证较长时间的货架期和口感，且营养不会流失。索江涛多年来致力于猕猴桃采后商品化处理技术的研究和集成示范，2020年率先研发出猕猴桃分解式采果袋、后熟商品化处理技术和压差预冷催熟装置，从根本上解决了国内猕猴桃的销售痛点，取得重大技术突破，通过后熟专用装置为猕猴桃果实后熟提供最佳条件，让果实的口感达到最佳，并维持两周以上的食用窗口期。猕猴桃差压预冷催熟装置和技术体系实现了国产猕猴桃即食技术的重大突破，促进了2020年猕猴桃网络销售的大幅增长。

响应国家号召，积极参与脱贫攻坚和乡村振兴。索江涛任陕西省农村科技开发中心科研开发部部长以来，连续两年部门创收超额完成；兼职负责陕西佰瑞猕猴桃研究院的经营管理工作，两年来企业猕猴桃营销业绩翻番，团队管理水平显著提升，企业知名度显著提高。坚持薄利多销及亏本惠农，2019年猕猴桃商品花粉市场严重缺货，在同行大幅涨价的背景下，索江涛低价亏本销售商品花粉，并组织召开行业会议，稳定价格保障质量。组织企业免费赠送渭南市临渭区高李村价值10万元的品种接穗。企业两年来捐赠和发放扶贫资金及物资累计100万元以上，社会效益突出。

多年来，索江涛认真开展科学研究，取得多项创新成果。针对产业突出问题积极开展科学研究和制定技术标准，发表SCI论文2篇，参与制定省级行业标准2项，制定企业标准5项，编制技术资料20余份，参与国家及省部级和地方科研项目10余项，荣获陕西省科技进步奖一等奖1项、二等奖1项。

郭永社——猕猴桃产业发展的见证者

郭永社

郭永社，生于1963年，1983年毕业于陕西省仪祉农业学校果树专业，分配至周至县第一高级职业中学担任果树栽培的教学工作。教学期间，郭永社采取理论与实践相结合的方式，把果树发展的新方向特别是周至猕猴桃产业的发展及其经济效益介绍给学生，学生毕业后大都留在农村从事猕猴桃的种植或经营，其中吕岩、陈小龙、张根稳等后来成长为全县果农学习的榜样。1989年，郭永社调到周至县园艺蚕桑站工作。当时的园艺蚕桑站是全县猕猴桃研究的中心，已完成了野生猕猴桃资源普查和品种选育两大工作任务，周至县猕猴桃进入规模化种植的关键时期。郭永社和同事们立即投入到周至猕猴桃3000亩的栽植任务中。他们在全县各乡镇巡回培训猕猴桃的栽植知识，最终在终南镇新寨村、司竹镇南司竹村、楼观镇周一村、马召镇群兴村和仁烟村、哑柏镇昌西村等6个村完成了3000亩的栽植任务。这3000亩猕猴桃是当时全国最早的猕猴桃规模化种植的先进典型，后来全国各地纷纷前来参观。

在推广猕猴桃种植的同时，周至县园艺蚕桑站开始研究猕猴桃栽培技术。1990年，由郭永社主笔、站长尚修安修改定稿的第一篇学术文章《新技术、新成果在猕猴桃上的应用》在全国果树技术交流会上进行交流，获得好评。同年，园艺蚕桑站果树组集体完成了《猕猴桃标准化栽培技术规程月历表》，经过充分讨论后于1992年定稿并向全县广泛宣传推广。1994年，又完成了《猕猴桃栽培技术规范》，进一步明确了猕猴桃的栽培技术操作规范。

1996年，郭永社调至周至县猕猴桃开发办公室工作。其间，他参与了《周至县猕猴桃发展“九五”规划》《关于发展猕猴桃冷藏、加工业的十项优惠政

郭永社在猕猴桃果园

策》《野生猕猴桃资源普查暨品种选育的安排意见》等各项重大规划、政策的起草工作。为打好猕猴桃品牌保卫战，他连续9年承担禁止猕猴桃膨大剂和禁止早采早卖的宣传工作。参与接待了新西兰、智利、日本、马来西亚和新加坡等5个国家的专家考察团队。

2006年在周至县地方志办公室编修第二轮《周至县志》期间，郭永社承担了《周至猕猴桃志》的编写工作。经过一个月的奋战，完成了该志的写作，受到周至县地方志办公室的高度赞扬。《周至猕猴桃志》的完成，使周至猕猴桃的发展历程第一次有了翔实的文字记载，为以后猕猴桃产业的发展提供了更为充实的依据。2018年，郭永社利用8个月时间，完成了《把周至猕猴桃推向世界的人》一书，使周至猕猴桃种、贮、加、销产业链上的几个不可或缺的人物得以记录下来，弥补了《周至猕猴桃志》记述简单的缺陷。

郭永社从事猕猴桃研究工作，在种植技术上，为了达到“省力、省时、省钱”的原则，他通过大量的现场调查和自身研究，摸索出“猕猴桃简化管理”技术措施，受到广大果农的欢迎。在施肥上，他帮助企业制定出猕猴桃施肥一四模式（一次施肥、四次追肥）、猕猴桃四步施肥法等技术规程。为了把传统销售和电商结合起来，他把西安金周现代农业有限公司和周至县二姐夫电商团队联合在一起，经过一年多的运行，取到了良好的效果。2019年，郭永社在自己总结的系列技术的基础上，写出了《猕猴桃的故事》25集故事集在网上发表，被群众誉为“最会讲猕猴桃故事的人”。

吕岩——陕西省十佳农民专家

吕岩，周至县哑柏镇人，中专文化，中级农技师，陕西省猕猴桃协会常务理事，周至县猕猴桃协会副会长、猕猴桃贮藏协会副会长兼秘书长，陕西省猕猴桃协会专家团成员，西北农林科技大学园艺学院基地指导老师、猕猴

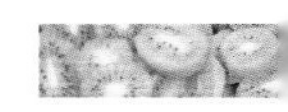

桃试验站猕猴桃专家团成员，陕西省猕猴桃产业体系岗位专家。连续多年被省、市、县科技部门聘为“科技特派员”，先后荣获“陕西省十佳农民专家”“西安市青年科技标兵”“西安市劳动模范”“西安工匠”“西安市农村拔尖人才”“建国70年最具影响力的劳动模范”“周至县十大杰出青年”“周至县十大农村实用优秀人才”“周至县猕猴桃产业杰出贡献奖”等称号。

吕岩

1982年，初中毕业的吕岩没有和其他同龄人一样上高中考大学，而是报考了被农村人看不上眼的周至县第一高级职业中学学习农学和园艺学，同期还参加了中央农业广播电视学校农学专业的学习，最后以优异的成绩获得中专文凭。毕业后，吕岩又在西安市园林局二府庄苗圃实习和工作了3年，积累了一定的园艺学实践技能。1989年，分配到宁夏汝箕沟煤矿农场任果树技术员。同期，他参加了西北农业大学园艺系果树专业的函授学习，获得大专文凭。

从1994年开始，他全身心投入到猕猴桃生产种植实用技术研发推广工作中。先后创新发明了猕猴桃“多芽少枝”修剪技术，首推免耕生草地表施肥的“生物改土”技术，率先提出并实施“一面斜坡、自然壕沟、龟背单垄、以路代沟”的长江流域丘陵坡地建园新技术，最早将中华系红阳猕猴桃引入陕西并加以推广。他改变了传统猕猴桃栽植方法，提出并推广地面栽树、树行起垄的栽植新技术。

20世纪90年代初，由于没有系统成熟的生产技术，周至猕猴桃亩产量一直徘徊在2000千克左右，很难再有突破和提升。通过调查，吕岩发现其主要原因是当时“短截多头”的修剪方法限制了单产提高。为此，他顶着家人的反对，冒着可能失败的风险，在自家1.8亩果园中进行不同修剪方法的对比实验。通过连续三年果园架面覆盖率、萌芽率、坐果率、商品率及亩产量的统计对比，他总结出改写猕猴桃种植历史的修剪技术——多芽少枝，并于1997年发表于《西北园艺》杂志。随着“多芽少枝”修剪技术的推广，猕猴桃平均亩产由2000千克提高到3000千克，单产增长50%；果实商品率由过去的平均65%提高到85%；亩收入由过去的1万元提高到1.5万元。仅这项技术的推广应用，使周至

吕岩为果农讲授猕猴桃管理技术

县猕猴桃年生产种植收益增加4亿元以上。

从事猕猴桃生产实用技术研发推广的这几十年来，吕岩走了一条知识改变命运、技术成就人生的道路。为了学习猕猴桃先进管理技术，吕岩先后两次自费到新西兰考察学习。他这种为了专业技术投入数万元，不远万里学习技术的行为在国内农民中并不多见。这些年来，吕岩走遍了国内所有的猕猴桃产区，向各果区的猕猴桃技术界前辈拜访求教，虚心学习。正是他锲而不舍、潜心钻研的敬业精神，使他在技术研发中不断创新。几十年来累计在国内专业报刊发表科普文章180余篇，在全国各地进行猕猴桃实用技术培训6000余场次，受训果农计百万人次。他的“多芽少枝”修剪技术已经普及到全国猕猴桃产区，“生物改土”新理念和“猕猴桃生产种植十大新技术”在国内各猕猴桃产区大力推广，为国产猕猴桃提质增效、转型升级发挥了巨大作用。

赵志修——猕猴桃生产一线的研究专家

赵志修

赵志修，男，汉族，生于1940年，周至县楼观镇周一村人，高级农艺师，先后获得“陕西省农村优秀实用人才奖”“西安市劳动模范”“西安市农村拔尖人才”等称号。

他致力于猕猴桃果树栽培和技术推广工作几十年，解决了许多猕猴桃产业发展中的难题。1984年协助陕西省中华猕猴桃科技开发公司周至试验站站长张清明建起了猕猴桃试验站，并参加试验选育新品种“秦美”，着手全面推广工作。1986年回家建起了自己的2.5

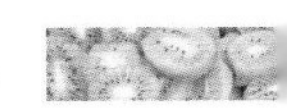

亩秦美猕猴桃园，亩收入1.5万～2万元，带动了周一村猕猴桃产业迅速发展，使周一村很快由温饱向小康过度，并辐射带动全镇、全县乃至全省其他地区。

赵志修为果农传授猕猴桃管理经验

针对秦美猕猴桃软化果肉易发酵的问题，他提出选用果型美、口感好、耐贮藏、货架期长、抗逆性强的“海沃德”代替“秦美”，在西北农林科技大学果树试验站的支持下进行海沃德猕猴桃的引进与推广。面对生产中发现的海沃德品种新枝不抗风、栽植成活率低、长势弱、夏季不耐高温，叶缘焦枯等问题，他采取早摘心、定植时不浇水使土壤通气增温促进新根、夏季果园生草提高园内空气湿度等措施，成功解决了海沃德猕猴桃生产中的难题。海沃德在周至县获得大力推广，现已超过15万亩，每500克果较秦美增值1元左右，成为晚熟猕猴桃的主栽品种。2010年，“海沃德猕猴桃栽培技术引进与推广”获得全国农牧渔业丰收奖农业技术推广成果奖二等奖。

猕猴桃溃疡病是世界性的难题，按西方外因论的对抗方式来防治，收效甚微，原因是土壤碳氮比不合理。赵志修根据自己30多年的从业经验，分析了猕猴桃死亡有三大原因：旱不死能涝死、化肥施多能烧死、负载过多能累死。赵志修还提出了一套防治溃疡病的综合办法：一次全苗（定植时不浇水）；增施有机肥，少施或不施化肥，提高土壤有机质含量；提高土壤碳氮比，使老园重焕青春，提高果品质量，减少病害发生等。他每年参与农民技术培训讲座30多场次，为种植户讲解猕猴桃栽培管理技术及病害防治技术，快速提高了种植户技术水平，促进了猕猴桃产业的壮大发展。

马占成——“西选二号”猕猴桃选育人

马占成，周至县马召镇人，“西选二号”猕猴桃选育人。早在20世纪80年

马占成

代，他就把自家的7亩多承包地全部栽了猕猴桃。从1990年春季开始，他经常上山钻沟寻找猕猴桃新品种，把枝条带回来培育嫁接。1992年，马占成在秦岭山区发现了黄肉大果型野生猕猴桃优良单株，将其引回种植在自家猕猴桃园中。通过多年的观察驯化，成功选育出黄果肉猕猴桃“西选二号”。这个品种具有早熟、丰产、抗性强的特点，果面光滑，果肉黄色，口感浓甜，耐储存，品质优良。2004年11月，该品种通过了西安市首届猕猴桃优株优系登记暨评优会审查。2005年，马占成正式将新品种定名为“猕富华”，并注册了商标，申请了国家专利。

猕富华猕猴桃由于其品质优良和黄果肉的特色，上市后受到消费者的青睐。1998年在马来西亚果品交易会试销时，每个售价高达3美元。在国内市场也是供不应求，每千克售价达到60元以上。猕富华猕猴桃的成功选育离不开马占成的辛苦付出，同时也为他带来了荣誉。2005年11月，马占成被周至县政府评为“对猕猴桃产业有突出贡献先进个人”。2007年11月，猕富华猕猴桃获得第14届中国杨凌农业高新科技成果博览会后稷奖。2008年4月，周至县人民政府授予马占成“果业乡土人才”称号。2008年11月，猕富华猕猴桃被评为陕西旅游商品博览会最受欢迎产品奖。2017年9月，周至县政府授予马占成“周至县猕猴桃产业发展突出贡献奖”称号。2007年11月，中央电视台《经济半小时》栏目对马占成做了关于“农民发展猕猴桃产业好过做房地产”的专题报道。2008年11月6日，《农业科技报》对马占成及猕富华猕猴桃做了专版报道。

猕富华猕猴桃以其出类拔萃的品质赢得了消费者的认可，得到了各级政府部门的关注和支持，对优化周至县猕猴桃品种布局、促进猕猴桃产业发展做出了一定贡献。

马占成在果园查看猕猴桃花蕾

大事记（1978—2020年）

1978—1980年

1978年，在农业部的统一安排下，陕西省农业厅开始了“秦巴山区猕猴桃资源普查及利用研究”项目，以周至县园艺蚕桑站牵头进行秦岭周至段的野生资源普查工作。经过1979年和1980年的两年工作，共普查出秦岭周至段野生猕猴桃约100万架、年产量约500吨，包括美味、中华、葛枣、黑蕊、四萼5个猕猴桃种类和2个变种。

1981年

3月，陕西省农业局印发《关于转发“省农作物、野生大豆、猕猴桃品种资源普查征集工作会议纪要”的通知》，周至县野生猕猴桃资源普查工作获得陕西省农业局资源普查征集工作一等奖。

由周至县园艺蚕桑站牵头，在秦岭周至段野生资源普查的基础上，进行优株筛选，共筛选出20多个优良单株。在司竹公社金官村（今司竹镇金丰村）的石砀荒地购置30亩地，成立了陕西省中华猕猴桃科技开发公司周至试验站，建立了品种选育圃，定期观察品种选育圃里单株的生长情况。

1984年

陕西省中华猕猴桃科技开发公司周至试验站新栽猕猴桃8亩，园区规模由原来的30亩扩大到131.62亩。

1985年

2月，张清明主持编印《猕猴桃系列化育苗研究报告（汇编）（1979—1984年）》一书，这是周至县第一部系统总结猕猴桃生产技术的专著。

1986年

9月，周至县园艺蚕桑站站长尚修安撰写的文章《中华猕猴桃的人工栽培》在《陕西农业》第9期发表。

11月，陕西省中华猕猴桃科技开发公司周至试验站被国家科学技术委员会中华猕猴桃科技开发公司评为国科“六五”科技攻关项目中华猕猴桃科技开发先进单位，张清明站长被评为“先进个人”。

陕西省中华猕猴桃科技开发公司周至试验站的优良单株“周至1-11”和“周至1-01”分别被陕西省果树品种审定委员会定名为“秦美”和“秦翠”。

陕西省中华猕猴桃科技开发公司周至试验站生产的1吨猕猴桃以每千克0.6元的价格首次以商品果售出。

1987年

周至县0.5吨秦美猕猴桃进京展销，引起农业部优质农产品开发服务中心的关注。

周至县农牧局组织开展建设猕猴桃基地，这是周至县猕猴桃基地建设的头一年，也是关键的一年。

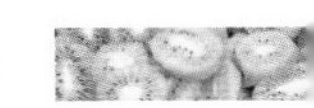

1988年

8月1—3日，农业部优质农产品开发服务中心在河北省围场县召开全国猕猴桃基地工作座谈会，周至县农业局受邀参加。

8月，周至县农牧局向世界银行申请贷款，计划建设万亩人工栽培猕猴桃基地。

10月，周至县在北京召开猕猴桃品评会。

秦美、秦翠品种猕猴桃在陕西及湖南、江西、河南、山东等9个省份进行推广，种植面积近5000亩。

1989年

由周至县农牧局牵头，周至县园艺蚕桑站组织实施，在司竹乡的金官村和南司竹村、楼观镇的周一村、终南镇的辛寨村、马召乡的群兴村和仁烟村、哑柏镇的吕家堡建立3000亩猕猴桃种植园，进行第一次猕猴桃大田栽植。周至县从此进入猕猴桃规模化生产阶段。

周至县哑柏镇农民商慎明选育的猕猴桃优良单株“周园一号”经陕西省果树品种审定委员会审定定名为“哑特”。

1990年

1月15日，陕西省中华猕猴桃科技开发公司周至试验站被农业部评为“七五”第一批名特优农产品项目建设先进单位。

9月，周至县园艺蚕桑站组织撰写的《新技术、新成果在猕猴桃上的应用》在全国果树技术交流会上进行交流。这是周至县第一次参加国家级猕猴桃学术交流活动。

10月，周至县在北京参加农业部组织的猕猴桃展销会。

1991年

1月，陕西省中华猕猴桃科技开发公司周至试验站的“猕猴桃‘秦美’‘秦翠’新品种的选育”被陕西省人民政府评为科技进步奖二等奖。

1992年

周至县第一份指导果农进行猕猴桃生产的技术资料《周至县猕猴桃标准化

栽培技术规程月历表》由周至县园艺蚕桑站编写完成。这也是陕西省第一份指导猕猴桃生产的技术资料，是全国第一份猕猴桃人工栽培的技术资料。

周至县委、县政府出台《周至县猕猴桃发展“九五”规划》。

陕西省科技厅在辛家寨乡建成周至县第一座千吨冷库。

周至县委、县政府确立猕猴桃为支柱产业，并牵头成立“周至县猕猴桃开发领导小组办公室”，指导全县的猕猴桃生产，办公室设在周至县农牧局。

1993年

由陕西省中华猕猴桃科技开发公司周至试验站和周至县司竹供销合作社出资，猕猴桃果脯在司竹供销社院内研发成功，并推向市场。

周至县猕猴桃栽植面积达10万亩。

1994年

2月，周至县农牧局印发《猕猴桃栽培技术规范》，指导全县猕猴桃生产。这是周至最早的猕猴桃栽培技术规范，有力地推动了猕猴桃产业的发展。

12月，周至县园艺蚕桑站参与完成的“猕猴桃高产优质栽培技术开发研究”荣获西安市科学技术进步奖二等奖。

1995年

10月26日—11月4日，农业部在北京举办了第二届中国农业博览会，“秦美”“哑特”猕猴桃分别获金奖、银奖。

11月20日，周至县果工贸冷库把100吨秦美猕猴桃鲜果出口到阿拉伯联合酋长国，成为周至县第一家猕猴桃出口企业。

11月22日，周至县人民政府印发《周至县猕猴桃标准化管理示范县建设实施方案》，周至县猕猴桃标准化管理示范县建设进入实施阶段。

周至县委、县政府提出“户均一亩园，园园连成片，三年消灭空白点”的口号，鼓励机关、事业单位和广大干部职工带头建园。

1996年

6月，周至县第一家猕猴桃深加工企业——西安市秦美食品有限公司成立。

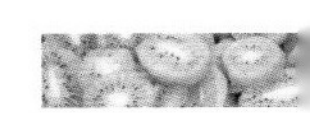

11月28日，周至县农业委员会上报陕西省技术监督局《周至县1996年猕猴桃标准化基地建设工作总结》，全县猕猴桃标准化基地建设工作进展顺利。

12月，周至县召开猕猴桃产业化工作暨表彰大会，周至县县长任文斌作题为《理清思路，突出重点，全力推进猕猴桃产业化进程》的讲话。

周至县人民政府出台《关于发展猕猴桃冷藏、加工业的十项优惠政策》文件，提及简化建库用地程序、减免土地出让金等，支持鼓励发展猕猴桃冷藏和加工，全县冷库、加工企业与日俱增。

1997年

4月，周至县农业委员会、县猕猴桃食用菌开发领导小组办公室印发《关于山区野生猕猴桃资源调查工作安排意见》，周至县开展第二次猕猴桃野生资源调查。

周至县农业委员会、县猕猴桃食用菌开发领导小组办公室下发《关于抓紧防治猕猴桃溃疡病的通知》。

5月16日，周至县农业委员会转发陕西省农业厅《关于禁止使用猕猴桃膨大剂的通知》。

5月，周至县猕猴桃开发办公室下发《关于禁止猕猴桃早采早卖的安排意见》。

9月，周至县被中国特产之乡推荐暨宣传活动组织委员会认定为“中国猕猴桃之乡”。

10月21—27日，第三届中国农业博览会在北京举行，秦美猕猴桃获“名牌产品”称号。

12月9—14日，周至县人民政府组织参加中国绿色食品97广州宣传展销会，展销周至猕猴桃及系列加工产品。

周至县委、县政府将猕猴桃产业由主导产业升级为立县产业。

1998年

5月，周至县农业委员会印发《关于开展猕猴桃园土壤养分分析、全面推广科学平衡配方施肥的安排意见》。

10月24日，周至县在湖北省赤壁市参加1998年全国猕猴桃开发经验交流会暨中华猕猴桃开发联合体第二届第四次董事会。

周至县猕猴桃栽培面积达到13万亩，建成了全国最大的猕猴桃生产基地；共建贮藏冷库63座，加工企业6家，完整的猕猴桃产业体系基本建成。

1999年

3月，为提升猕猴桃品质，周至县十三届人大二次会议作出《关于保名牌创优质促进我县猕猴桃产业持续稳定健康发展的决议》。

4月，周至县人民政府发布《关于禁止使用猕猴桃果实膨大剂的通告》。

5月，“秦美猕猴桃”荣获1999年昆明世界园艺博览会金奖。

9月21—23日，1999西安猕猴桃暨名优果品展销订货会在周至县举行。

2000年

1月5日，陕西省农村科技开发中心、周至县华优猕猴桃产业专业合作社和陕西省中华猕猴桃科技开发公司周至试验站完成的“华优猕猴桃新品种选育及栽培技术研究”，荣获2009年度陕西省科学技术奖一等奖。

5月9日，周至县委、县政府再次下发《关于禁止使用猕猴桃膨大剂的决定》。

5月，周至县被国家质量技术监督局授予“农业标准化项目示范县”称号。

9月，周至县农业委员会研究决定成立西安市猕猴桃研究所，地址在周至县农业科学技术试验站。

11月，“秦美猕猴桃”荣获第七届中国杨凌农业高新科技成果博览会金奖。

2001年

周至县委、县政府发布《关于我县猕猴桃品种结构调整的意见》，从此周至县猕猴桃品种结构由果肉颜色从绿肉向黄肉、口感由偏酸向偏甜方向发展，全县大力推广华优、西选二号等品种。

2002年

周至县农业局组织司竹、哑柏等猕猴桃产区乡镇参加兰州博览会，秦美、哑特、华优、西选二号等猕猴桃品种以其独特的风味被甘肃日报、兰州日报、兰州电视台等多家媒体连续报道，获得社会广泛好评。

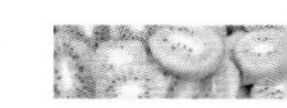

2003年

周至县建立了以司竹乡为核心的西安市万亩绿色猕猴桃生产基地，猕猴桃人工栽培面积迅速扩大。

2004年

7月7日，陕西省周至县猕猴桃产业总公司“秦美”牌猕猴桃通过中国绿色食品发展中心审核，获得绿色食品标志商标使用权，认证产量8万吨。

9月，周至县司竹乡南淇水村秦美庄园的2000亩猕猴桃获得欧盟有机产品认证。

11月，猕猴桃品种“西选二号”通过了西安市首届猕猴桃优株优系登记暨评优会审查。

周至县委、县政府组织四支宣传推介团队，由县级领导带队，农业、宣传、文化部门及猕猴桃产区乡镇参加，分赴北京、沈阳、哈尔滨、上海、南京、武汉、兰州、乌鲁木齐等地宣传推介猕猴桃。

2005年

周至县园艺蚕桑站成立绿色食品生产资料服务部，服务全县10万亩绿色食品猕猴桃基地建设工作，规范绿色食品生产农业投入品的使用。

2006年

1月，周至县被辉煌“十五”和谐陕西大型新闻调查活动评审委员会评为“十五”陕西果业强县。

3月30日，周至县人民政府印发《周至县扶持猕猴桃基地发展优惠政策》。

4月，撤销“周至县猕猴桃开发领导小组办公室”，成立“周至县果业发展管理局”，为副科级建制的县政府直属事业单位。

7月4日，经陕西省果业管理局批准成立周至县野生猕猴桃原生境保护工作站。

9月，周至县哑柏镇1万亩猕猴桃种植基地通过欧盟有机产品认证。

10月，周至县农产品质量安全检验检测中心成立，周至猕猴桃有了质量监督机构。

10月，周至富饶有机海沃德猕猴桃专业合作社获得有机产品认证，认证面积16.36公顷，产量245.4吨。

按照西安市委、市政府的宏观部署，周至县委、县政府制定了《周至县20万亩优质猕猴桃产业发展规划》。

周至县在马召镇富饶村建立“百亩高标准海沃德猕猴桃示范园”和“千亩高接换头示范园”，园区实施有机种植技术。

2007年

3月5日，国家质检总局发布公告（2007年第44号），“周至猕猴桃”获得国家地理标志产品保护。

3月22日，周至县政府组织召开了全县18个平原区乡镇长参加的全县猕猴桃栽植流动现场会，以加快全县扩大猕猴桃新栽面积的步伐。

9月，周至县农业局组织召开猕猴桃新品种审定会，周至县农业科学技术试验站选育的优质单株“西猕9号”被定名为“翠香”。

2008年

4月27日，“翠香”猕猴桃经陕西省第四次果树品种审定委员会审定通过，准予在陕西省适宜地区推广，并于9月28日颁发审定证书。

5月21日，周至县猕猴桃产业发展协会成立。

响应陕西省政府和西安市政府号召，周至县政府组织编写《周至县优质猕猴桃30万亩发展规划》。

2009年

周至县政府决定在沿107省道（马召段）建设万亩有机猕猴桃现代示范园区，实施项目捆绑式操作，整合农、林、水等有关部门的资金，集中投入改善园区基础设施建设，整体推进项目建设工作。

由周至县政府组织，以新西兰环球园艺公司为龙头，引进鲜果分拣线，严格果品分拣等级，提高果品的商品性，增强市场竞争力，扩大出口量。

在台湾举办的周至优质猕猴桃推介说明会，赢得了台湾同胞的喜爱和赞扬，并签订2000吨鲜果销售合同。

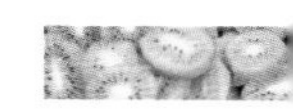

2010年

1月，周至县被辉煌“十一五”和谐陕西大型新闻调查活动评审委员会评为“十一五”陕西果业强县。

8月25日，周至县猕猴桃贮藏协会成立。

9月14日，全国大型连锁超市——华润万家在楼观镇周一村建立了鲜果供应基地，签约鲜果销售合同3万吨。

9月26日，周至县委、县政府组织召开周至猕猴桃产销见面会，来自上海、深圳等20多个城市的40多家客商参加，签约金额约3.3亿元。

2011年

7月5日，“周至县猕猴桃主题公园”被确定为陕西省级现代农业示范园区。公园位于周至境内秦岭北麓一带，面积10 050亩，是国内首个猕猴桃主题公园。

9月13日，周至县万格美拉果蔬专业合作社的猕猴桃通过中国绿色食品发展中心审核，获得绿色食品标志商标使用权。

11月26日，在北京人民大会堂举办周至县投资环境暨有机猕猴桃推介会。

2012年

3月31日，周至县猕猴桃加工协会成立。

9月18日，2012年中国·周至猕猴桃产销年会召开。

9月27日，周至县农业科学技术试验站“翠香猕猴桃新品种研发与推广”荣获西安市科学技术奖二等奖。

2013年

4月，周至县猕猴桃包装协会成立。

8月15日，周至县政府与中国航天基金会联合举办周至猕猴桃支持中国航天事业新闻发布会。9月1日，中国航天基金会授予西安金周至猕猴桃实业有限公司“中国航天事业支持商”冠名用语和商用标志。

12月31日，周至县猕猴桃营销协会成立。

2014年

3月，周至县猕猴桃种植协会成立。

2015年

2月26日，浙江大学CARD农业品牌研究中心编制的“2014中国农产品区域公用品牌价值评估榜单”发布，周至猕猴桃品牌价值32.84亿元，位列果品区域品牌前20名、猕猴桃类第一名。

9月21—22日，2015年西安·周至猕猴桃主题年会召开，中国猕猴桃产业技术创新战略联盟在周至县成立。

11月19日，周至猕猴桃代表西安市名优水果赴上海参加第七届亚洲果蔬产业博览会，荣获2015年度华东地区最受欢迎的十大果蔬品牌。

2016年

4月，周至县翠香、海沃德、华优三个品种猕猴桃种子搭载我国首颗微重力科学实验卫星——“实践十号”飞行12天，开启航天育种新纪元。

5月21日，2006年星光大道月冠军、周至籍歌手郭少杰公益演唱会在周至县举办，周至县政府聘郭少杰为“周至猕猴桃宣传大使”。

7月5日，周至县政府办、集贤镇政府、县农业局、县果业局、县农检中心的联合执法组，对集贤镇大曲村三户果农采收的近500千克海沃德未成熟猕猴桃进行了碾轧集中销毁，这是周至县2016年猕猴桃早采早卖首例处理事件。

9月21日，2016年西安·周至猕猴桃主题年会暨第二届中国猕猴桃产业技术创新战略联盟研讨会在周至县举行。

9月，国际猕猴桃联合研究中心在周至县成立。

12月16—18日，2016全国果菜产业质量追溯体系建设年会暨第14届中国果菜产业论坛在北京举行，周至猕猴桃入选“2016全国果菜产业百强地标品牌”，荣获“2016全国果菜产业十大最具影响力地标品牌”。

12月22日，陕西·西安果品广州推介会在广州市江南果菜批发市场举行。周至猕猴桃设立广州市直销中心，并签订1.7万吨的猕猴桃鲜果销售合同。

12月，周至县政府开始在中央电视台军事·农业频道农业气象栏目开展为期一年的周至猕猴桃宣传活动。

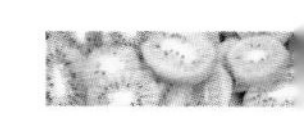

2017年

1月，周至县农产品质量安全检验检测中心通过检验检测机构资质认定和农产品质量安全检验检测机构考核认定，具备了猕猴桃农药残留检测能力。

9月15日，周至县人民政府组织召开中国猕猴桃产业发展暨农业品牌建设论坛，邀请西北农林科技大学刘占德教授、浙江大学CARD农业品牌研究中心庄庆超副主任做主题报告。

9月16日，2017年西安·周至猕猴桃主题年会暨周至猕猴桃区域公用品牌发布会在周至县召开。会上，国家航天育种成果转化中心授牌周至县“中国猕猴桃航天育种中心”。

9月27日，周至县姚力果业专业合作社的猕猴桃通过中国绿色食品发展中心审核，获得绿色食品标志商标使用权。

10月，占地面积639千米^{2}的国家级特大型综合植物园——秦岭国家植物园一期建设竣工。

11月3日，第三届中国果业品牌大会在湖南省长沙市举行，会上发布“2017中国果品区域公用品牌价值评估”结果，周至猕猴桃以38.28亿元继续蝉联品牌榜猕猴桃类第一名。

12月23日，2017供给侧改革与果菜产业绿色发展全国年会暨第15届中国果菜产业论坛在北京举行，周至猕猴桃荣获“全国十佳果品地标品牌”。

2018年

3月18日，周至县猕猴桃花粉协会成立。

3月，国家质检总局批准周至县创建全国猕猴桃产业知名品牌示范区。

4月28日，中央电视台“国家品牌计划-广告精准扶贫”项目陕西省推介产品发布会在西安举办，周至猕猴桃等5个特色农产品品牌入选。

8月6日，农业农村部办公厅、财政部办公厅公布2018年农业产业强镇示范建设名单，周至县马召镇入选。

8月17日，周至县汇茂果品专业合作社猕猴桃基地200亩通过有机产品认证。

9月3日，周至县人民政府办公室印发《周至县2018年山区野生猕猴桃资源调查工作实施方案》。这是周至县自1978年以来开展的第三次野生猕猴桃资源调查。

9月5日，“周至猕猴桃”获得农业农村部农产品地理标志登记证书。

9月26日，周至县被中国气象服务协会授予“中国天然氧吧”称号，成为全国第三批36个“中国天然氧吧”之一，也是西安市首个获得该称号的地区。

11月13日，第11届亚洲果蔬产业博览会在上海举行，“周至猕猴桃”荣获2018年度中国最受欢迎的猕猴桃区域公用品牌10强。

11月19日，周至县腾林猕猴桃专业合作社的猕猴桃通过中国绿色食品发展中心审核，获得绿色食品标志商标使用权。

2019年

1月25日，由周至县农业局、周至县市场监督管理局起草的西安市地方标准《海沃德猕猴桃栽培技术规程》《有机猕猴桃栽培技术规程》发布，2019年2月25日正式实施。

2月21日，“周至猕猴桃”成功注册地理标志证明商标。

3月，周至县县级机构改革，果业行政管理职能划转到周至县农业农村局，“周至县果业发展管理局”更名为“周至县特色产业发展服务中心”。

5月7日，陕西省人民政府网站发布公告，2018年陕西省共有23个贫困县退出贫困县序列，周至县位列其中。

6月27日，“星动陕西”——大型公益扶贫活动在西安市启动，陕西籍影视明星张嘉译为周至猕猴桃代言。8月19日，张嘉译随陕西广播电视台影视频道拍摄团队来到周至，助力扶贫。

9月16日，庆祝中国农民丰收节暨2019西安·周至猕猴桃主题年会在周至县举行。

10月17—19日，陕闽合作·陕西特色农产品推介宣传周在福建省福州市举办，周至县农业农村局组织企业参加。

11月22日，第五届中国果业品牌大会在湖南省长沙市举办，周至猕猴桃以47.06亿元列2019中国果品区域公用品牌价值榜第10位、猕猴桃类第1位。

11月22日，第二届中国特色产业经济高峰论坛在深圳市举行，中国县镇

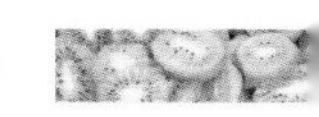

经济交流促进会授予周至县“全国特色产业百佳县（周至猕猴桃）”。

12月6—8日，周至县农业农村局组织电商企业赴江苏省南京市参加苏陕协作暨陕西贫困地区农产品南京产销对接会。

2020年

1月7日，周至县人民政府办公室印发《周至县猕猴桃品种结构优化调整意见》，要求进一步对周至猕猴桃品种结构进行优化调整，合理调控种植面积，积极发展新优品种，引领市场消费，做大做强周至猕猴桃产业。

2月18日，西安惠秦果业有限责任公司马召镇猕猴桃基地通过良好农业规范认证，认证产地面积894亩，产量800吨。

4月10日，周至联诚果业有限公司的猕猴桃通过中国绿色食品发展中心审核，获得绿色食品标志商标使用权，认证产量1600吨。

8月14日，周至县姚力果业专业合作社的猕猴桃通过中国绿色食品发展中心审核，获得绿色食品标志商标使用权，认证产量500吨。

8月，西安终南鲜都现代农业发展有限公司、西安惠秦果业有限责任公司通过海关出境水果果园注册登记。

9月9日，在广州市举办的第六届中国果业品牌大会上，周至猕猴桃以51.74亿元再次荣获中国果品区域公用品牌价值榜猕猴桃类第一位。

10月8日，周至县农业科学技术试验站协同西北大学启动“翠香猕猴桃品种基因测序”工作。

10月13日，陕西省政府官网发布《关于表彰2019年度全省践行新发展理念县域经济社会发展先进县（市、区）的通报》，周至县、蒲城县、眉县、富平县、大荔县共5县获2019年度“陕西省现代农业强县”荣誉。

10月，周至县产业脱贫经验《产业“六个全覆盖”脱贫一个都不少》，入选国务院扶贫办开发指导司和中国扶贫杂志社编写的《产业扶贫典型案例》。

11月12日，由周至县农业科学技术试验站支持起草的西安市地方标准《翠香猕猴桃栽培技术规程》发布，2020年12月12日正式实施。

年末，由中国绿色农业联盟、《中国绿色农业发展报告》编委会推选的“2020全国绿色农业十佳地标品牌”在北京揭晓，周至猕猴桃荣获“2020年全国绿色农业十大最具影响力地标品牌”称号。

附　录

国家质量监督检验检疫总局关于批准对周至猕猴桃实施地理标志产品保护的公告

（2007年第44号）[1]

根据《地理标志产品保护规定》，我局组织了对周至猕猴桃地理标志产品保护申请的审查，经审查合格，现批准自即日起对周至猕猴桃实施地理标志产品保护。

一、保护范围

周至猕猴桃地理标志产品保护范围以陕西省周至县人民政府《关于界定周至猕猴桃地理标志产品保护的函》（周政函〔2006〕19号）提出的范围为准，为陕西省周至县楼观镇、司竹乡、马召镇、哑柏镇、二曲镇、终南镇、尚村镇、九峰乡、集贤镇、辛家寨乡、富仁乡、四屯乡、侯家村乡、青化乡、广济镇、竹峪乡、翠峰乡、骆峪乡等18个乡镇现辖行政区域。

二、质量技术要求

（一）品种

秦美、海沃德、哑特等适生品种。

（二）立地条件

适宜土壤应为沙质土壤，土层厚度在60cm以上，土壤有机质含量大于1.0%以上，土壤pH在6.5至7.5之间。

（三）种苗繁育

采收同种类成熟猕猴桃果实的种子，人工播种，繁殖实生苗作为砧木。从

[1] 资料来源：国家质量监督检验检疫总局网站，2007年3月。

纯正无检疫性病虫害的健壮结果母枝上采集接穗，进行嫁接，繁育种苗。

（四）栽植密度

株行距3m × 4m，每公顷栽植825株以下，雌雄株之比为6：1至8：1。

（五）合理整形修剪

1.花整形：T形棚架或大棚架，单主干上架，在主干接近架面部位选留2个主蔓，分别沿中心铁丝向两边延伸。

2.修剪：冬剪与夏剪相结合，冬剪对株距在3m的结果盛期大树，每树选留结果母枝20～24个。夏季修剪的主要方法有抹芽、绑蔓、摘心、使叶果比达到4：1。

（六）施肥

以基肥为主，追肥为辅。

1.基肥：时间一般在10月下旬到11月下旬为宜，基肥的种类主要以腐熟的农家肥为主，并配合适量的化学肥料，基肥一般占全年施肥量的60%为宜。

2.追肥：主要在生长季节施入，以化学肥料为主，追肥一般分为三次。

（1）花前追肥，以氮肥为主。

（2）果实膨大期追肥，以磷、钾肥为主。

（3）果实生长后期追肥，以磷、钾肥为主。

3.根外追肥：根外追肥一般根据果树生长结果的需要，实施叶面喷施。

（七）采收

果实可溶性固形物含量≥7%时，方可采收。

（八）贮藏

果实采收分拣之后，置于专用贮果箱内。经24h预冷后，及时入库，使库内湿度稳定在−1～0℃。当库存果硬度（去皮）降至4～6kg/cm^{2}时，应及时出库，方可保证果实品质。

（九）质量特色

周至猕猴桃果个大（均在100g以上），果形均匀、整齐，果实浅褐色，茸毛多，果肉翠绿，维生素C含量高，口感浓郁。

1.秦美：果实椭圆形，果皮黄褐色，单果重100～150g，果肉翠绿色。鲜果：可溶性固形物在7%以上，果实硬度9kg/cm^{2}以上。出库果：可溶性固形物含量9%以上，果实硬度4kg/cm^{2}以上。

2.海沃德：果实长圆形，单果重80～150g，果皮黄褐色，果肉翠绿色。鲜果：可溶性固形物含量在7.4%，果实硬度9kg/cm^{2}以上。出库果：可溶性固形物含量在13%以上，果实硬度在4kg/cm^{2}以上。

3.哑特：果实圆柱形，单果重87～127g，果皮褐色，果肉翠绿色。鲜果：可溶性固形物6.5%以上，果实硬度9kg/cm^2。出库果：可溶性固形物含量9%以上，果实硬度在4kg/cm^{2}以上。

三、专用标志使用

周至县猕猴桃地理标志产品保护范围内的生产者，可向陕西省周至县质量技术监督局提出使用“地理标志产品专用标志”的申请，由国家质量监督检验检疫总局公告批准。

自本公告发布之日起，各地质检部门开始对周至猕猴桃实施地理标志产品保护措施。

特此公告。

二〇〇七年三月五日

周至猕猴桃农产品地理标志登记证书及商标注册证

农产品地理标志
登记证书

中华人民共和国农业农村部

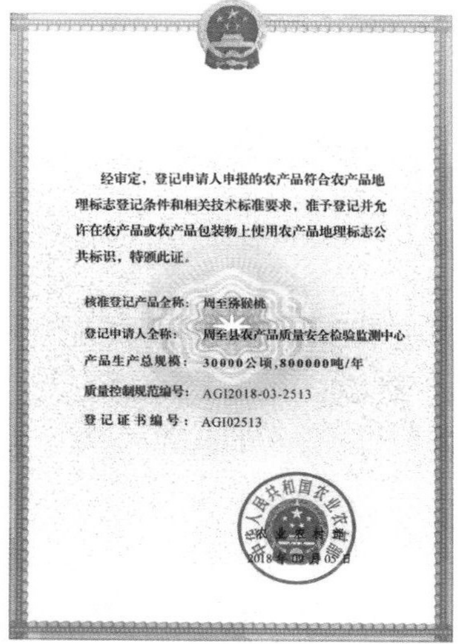

经审定，登记申请人申报的农产品符合农产品地理标志登记条件和相关技术标准要求，准予登记并允许在农产品或农产品包装物上使用农产品地理标志公共标识，特颁此证。

核准登记产品全称：周至猕猴桃

登记申请人全称：周至县农产品质量安全检验监测中心

产品生产总规模：30000公顷,800000吨/年

质量控制规范编号：AGI2018-03-2513

登记证书编号：AGI02513

中华人民共和国农业农村部

2018年02月05日

第 27653043 号

商标注册证

（地理标志证明商标）

核定使用商品/服务项目（国际分类：31）

第31类：猕猴桃（截止）

注册人 周至县果业发展管理局

注册人地址 陕西省西安市周至县上林小镇什字东北角

注册日期 2019年02月21日 有效期至 2029年02月20日

局长

发证机关 国家知识产权局

周至县地方标准《猕猴桃鲜果等级标准》

（DB 610124/T 02—2015）[1]

1 范围

本标准规定了猕猴桃采收期指标、分级指标、检验方法及包装和标识。

本标准适用于猕猴桃鲜果分等分级。

2 规范性引用标准

下列文件中的条款通过本标准的应用而成为本标准的条款。凡是注日期的引用文件，其随后所有的修改单（不包括勘误的内容）或修订版均不适用于本标准，然而，鼓励根据本标准达成协议的各方研究是否可使用这些文件的最新版本。凡是不注日期的引用文件，其最新版本适用于本标准。

NY/T 1794—2009　《猕猴桃等级规格》

3 定义和术语

下列定义和术语适应于本标准部分内容。

果实生长天数：指落花后至果实采收的天数。

4 要求

4.1 基本要求

按NY/T 1794—2009 3.1规定执行。

果面色泽正常，无黄化。

[1] 资料来源：周至县质量技术监督局2015年8月27日发布，自2015年8月27日起实施。主要起草人：雷玉山、周攀峰、王西锐、张建刚、李永武、张晓斌、曹改莲、韩亚维、李强。

4.2 等级划分

按NY/T 1794—2009 3.2规定执行。

4.3 容许度

按NY/T 1794—2009 3.3规定执行。

4.4 采收期确定

按照果实达到本标准规定的理化指标的适宜采收时间，主要品种鲜果采收期指标见表1、表2。

表1　美味猕猴桃鲜果采收期标准表述

项　目	海沃德	徐香	秦美	哑特	翠香	瑞玉
可溶性固形物含量（%）	6.5~8	7~9	7~9	7~9	7~9	7~9
干物质含量（%）	≥14.5					
硬度（kg/cm²）	≥10	≥10	≥9	≥9	≥8	≥8
生长天数±5天	155	145	150	150	135	145
果肉颜色	绿色	绿黄色	绿色	绿色	绿色	绿色
种子颜色	褐色	褐色	褐色	褐色	红褐色	褐色

表2　中华猕猴桃鲜果采收期标准表述

项　目	华优	金艳	红阳	脐红
可溶性固形物含量（%）	7.5~9	8~10	7.5~8	7.5~8
干物质含量（%）	≥15			
硬度（kg/cm²）	≥8	≥8.5	≥8.5	≥8.5
生长天数±5天	145	165	135	135
果肉颜色	绿黄色	黄绿色	绿肉红心	黄肉红心
种子颜色	褐色	褐色	红褐色	红褐色

4.5 果实等级指标

主要品种果实等级指标见表3、表4。

表3　美味猕猴桃等级指标

项　目	海沃德			徐香			秦美		
	一级	二级	三级	一级	二级	三级	一级	二级	三级
单果重（g）	≥100、<120	≥90、<100	≥80、<90，≥120	≥90、<110	≥80、<90	≥70、<80，≥110	≥100、<120	≥90、<100	≥80、<90，≥120
果形（品种典型形状）	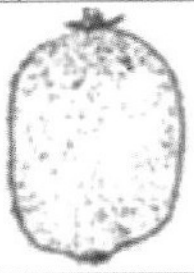								

项　目	哑特			翠香			瑞玉		
	一级	二级	三级	一级	二级	三级	一级	二级	三级
单果重（g）	≥100、<120	≥90、<100	≥80、<90，≥120	≥90、<110	≥80、<90	≥70、<80，≥110	≥90、<120	≥80、<90	≥70、<80，≥120
果形（品种典型形状）							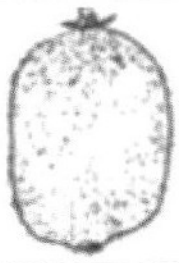		

表4　中华猕猴桃等级指标

项　目	华优			金艳		
	一级	二级	三级	一级	二级	三级
单果重（g）	≥90、<110	≥80、<90	≥70、<80，≥110	≥90、<110	≥80、<90	≥70、<80，≥110
果形（品种典型形状）				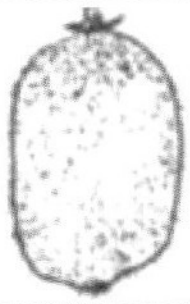		

项　目	红阳			脐红		
	一级	二级	三级	一级	二级	三级
单果重（g）	≥70、<90	≥60、<70	≥90，≥50、<60	≥70、<90	≥60、<70	≥90，≥50、<60
果形（品种典型形状）	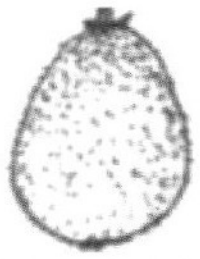					

5 检验方法

5.1 检验批次

同一生产基地、同一品种、同一批采收的猕猴桃为一个检验批次。

5.2 抽样方法

按NY/T 1794—2009 5.2规定执行。

5.3 感官指标的测定

按NY/T 1794—2009 4.1规定执行。

果肉颜色、种子颜色应将果实切开目测检验。

5.4 硬度检测

采用手持硬度计按照鲜果硬度测量方法测定。

5.5 可溶性固形物的测定

按NY/T 1794—2009 附录A测定方法执行。

5.6 干物质的检测

按GB 8858—1988水果、蔬菜产品中干物质和水分含量的测定方法执行。

6 包装

按NY/T 1794—2009 6规定执行。

7 标识

按NY/T 1794—2009 7规定执行。

周至县地方标准《猕猴桃贮藏技术规范》

（DB 610124/T 04—2018）[1]

1 适用范围

本标准规定了猕猴桃果实采收时质量、贮前处理、入库贮藏、库内管理和出库等贮藏技术及操作要求。

本标准适用于周至县猕猴桃在冷库、气调库中的中期和长期贮藏果实的采收。

2 规范性引用文件

本标准参考了以下标准的内容，下列文件中包含的条款通过本标准的引用而成为本标准的条款。

GB/T 9829—2008　水果和蔬菜 冷库中物理条件、定义和测量

GB/T 8855—2008　新鲜水果和蔬菜取样方法

NY/T 1392—2007　猕猴桃贮藏技术

NY/T 1794—2009　猕猴桃等级规格

DB 61/T 1117—2017　猕猴桃采收技术规程

GB 2763—2014　食品安全国家标准 食品中农药最大残留限量

3 定义

3.1 干物质

指果实除去水分以外的物质。

[1] 资料来源：周至县市场监督管理局2018年8月21日发布并实施。主要起草人：饶景萍、索江涛、周会玲、张创新、何玲、惠伟、高贵田、姚宗祥。

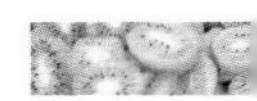

3.2 果实硬度

指果实胴部去皮后单位面积所承受的试验压力。

3.3 可溶性固形物

指果实汁液中所含能溶于水的物质。

3.4 机械损伤

指由人为操作对果实造成的损伤，如碰、压、挤、刺伤等。

3.5 贮藏期

短期贮藏：指贮藏时间在1个月以内。

中期贮藏：指贮藏时间在1个月以上3个月以内。

长期贮藏：指贮藏时间在3个月以上。

3.6 果实愈伤

在一定的条件下，果实机械损伤愈合的过程。

3.7 果实预冷

果实采后贮运前消除田间热的过程。

4 质量要求

4.1 感官质量要求

按照NY/T 1392—2007执行。

4.2 果实大小要求

按照NY/T 1794—2009执行。

4.3 理化要求

用于贮藏的猕猴桃的理化指标应符合表1。

表1 猕猴桃主要品种入库果实采收期理化品质指标

品 种	果实硬度（kg/cm^2）	可溶性固形物含量（%）	干物质（≥%）
翠 香	9.0 ~ 11.0	7.0 ~ 8.0	16.5
红 阳	9.0 ~ 11.0	7.0 ~ 8.0	17.0
华 优	9.0 ~ 11.5	7.5 ~ 8.5	17.0
徐 香	9.5 ~ 12.0	7.0 ~ 8.0	17.0

（续）

品　种	果实硬度（kg/cm²）	可溶性固形物含量（%）	干物质（≥%）
金　香	10.0~12.0	6.5~7.5	16.5
秦　美	9.0~11.5	6.5~7.5	16.5
哑　特	10.0~12.0	6.5~7.5	17.0
海沃德	10.0~13.0	6.5~7.5	16.5

4.4 采收要求

采前15d不能使用农药，采前7d禁止灌溉。

选择晴天，在气温较低的上午或下午采收，阴雨、大雾、有露水时不宜采收。人工采收，采果人员要身体健康，必须经专门训练，采前要剪指甲，戴上干净手套操作；采收要轻拿轻放，严防造成机械损伤。

采收用所有器具必须清洁卫生。

贮藏用猕猴桃应无机械损伤、无虫口、无灼伤、无畸形，无任何可见的真菌或细菌侵染的病斑。棚架下过于荫蔽的果实，黄化果实都不能用作贮藏。

5 运输要求

按照NY/T 1392—2007执行。

6 库房要求

6.1 检修设施

在果实入库前要仔细检查管道、冷藏系统、通风设施、加湿设施；气调库的气调设备、库房气密性、温湿度检测器、照明设备等，并试运行无异常后停机待用。

6.2 库房消毒

猕猴桃入库前7d对库房彻底清扫、灭鼠、消毒，对果箱清洗消毒处理，库体消毒方法可选择下列任意一种。

6.2.1 臭氧消毒

将臭氧发生器接通电源后关闭库门，待库内臭氧浓度达到20mg/m^{3}后断掉电源，保持24h。

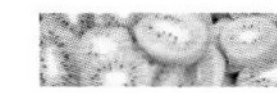

6.2.2 ClO_2消毒

配制60～80mg/L ClO_2溶液，库房全面均匀喷洒后，密闭24h。

6.2.3 硫黄熏蒸

用硫黄加锯末混合后，分散堆在库内地面的各部位，点燃熏蒸，用量为每100m^2容积使用1.5～2.0kg硫黄粉。燃烧密闭2～3d后，打开库门通风，充分排净残留的二氧化硫气体至无味。

6.2.4 容器消毒

将果箱（筐）以60～80mg/L ClO_2溶液，或者含氯浓度0.5%～1.0%的漂白粉溶液，或者0.2%次氯酸钠溶液浸泡3～5min，刷洗后沥干。

6.3 库房预冷

冷库、气调库在猕猴桃入库前4～5d开机降温，使库内温度降至0～1℃，并稳定在该温度范围。

7 果实入库要求

对猕猴桃的采收、运输、进库必须做好计划安排。运回的果实要严格挑选后逐个轻轻放入贮藏箱（建议选用透气的木箱或塑料筐），每箱（50cm×30cm×28cm）装果量15～20kg为宜。

7.1 果实愈伤

装好箱的猕猴桃先在通风良好的荫棚下放置24～48h再入库。

7.2 果实预冷

果实入预冷库或冷藏间24～48h内预冷至高于该品种要求的贮温1～2℃（对需要冷锻炼的品种达到高于冷锻炼温度的1～2℃）。

7.3 货垛堆码

在库内货垛应按产地、品种分别堆码，并悬挂垛牌，垛长小于6m，垛宽小于2m，入满库后应及时填写货位标签和平面货位图。不同贮藏条件要求的品种不能同库混贮。

货垛距墙不少于0.2m，距冷风机不少于1.5m，距库顶0.6～1.0m，垛间距离0.3～0.5m，垛内容器间距离0.01～0.02m，库内通道1.2～1.5m，垛底高度0.10～0.15m，垛高不能超过冷风机的出口。有效空间的贮藏密度冷库不应超过250kg/m^2，气调库不应超过300kg/m^2。

货垛堆码要牢固、整齐，货垛间隙走向应与库内气流循环方向一致。

7.4 冷藏入库

猕猴桃要分批入库，每天入库量不超过该单库容量的20%，入库造成的库温上升不超过3℃，24h之内降到规范温度。

7.5 气调贮藏入库

果实在2～3d内装满，在近观察窗口处放置6～8箱样果，供贮藏期检查所用，关库门降温，库温稳定后封库，进行调气。

8 贮藏管理要求

8.1 冷藏库

8.1.1 温度

8.1.1.1 贮温

经愈伤、预冷后的果实，冷敏感性较强的品种，如翠香、红阳、华优、金艳、徐香等，入库后先将温度降至5℃±0.5℃，稳定4～5d（冷锻炼）后，再降至贮温（表2），其他品种入库后直接降至贮温，库温波动控制在±0.5℃，保持至贮期结束。

表2 常见品种贮藏温度

品 种	温度（℃）	品 种	温度（℃）
翠 香	1.0	秦 美	0
红 阳	2.0	金 香	0
华 优	1.5	哑 特	0
金 艳	1.5	海沃德	0
徐 香	0.5		

注：采前长期阴雨的年份，上述品种入库后均应在5℃±0.5℃下进行4～5d的冷锻炼。

对靠近冷风机出口处的果实应采用透气性材料覆盖。

8.1.1.2 测温

库温测定按照GB/T 9829—2008执行。

8.1.2 相对湿度

8.1.2.1 适宜湿度

冷库内最适相对湿度为90%～95%，如相对湿度达不到要求时，以超声波加湿器进行补湿，须待库温降至要求且稳定后再行加湿。

8.1.2.2 测湿

湿度测定按照GB/T 9829—2008执行。

8.1.3 空气循环

8.1.3.1 库内空气环流

库房内的冷风机应最大限度地使库内空气温度、湿度均匀一致。货间风速为0.25～0.5m/s。每间隔10min风机转动一次。

8.1.3.2 通风换气

冷藏过程中要加强通风换气，贮藏前期（入贮后1个月期间）和贮藏后期（出库前1个月），每7～10d进行一次；贮藏中期每2～3周进行一次。一般在晴天气温较低的凌晨或夜间进行。每次0.5h左右。

8.1.4 贮藏质量要求

猕猴桃的贮藏期与品种特性有关，常规冷藏寿命为2.5～5个月，出库后远运的果实硬度不低于3kg/cm^2，近距离上市的硬度不低于2.0kg/cm^2。

8.2 气调贮藏

气调贮藏一般比冷藏延长保鲜期1/3以上。

8.2.1 贮藏温度

8.2.1.1 降温要求

在空库降温和入库后的降温阶段，应注意保持库内外的压力平衡，一定要在果温和库温达到并基本稳定在要求的温度时才能封库，封库后温度的波动幅度不超过±0.5℃。

8.2.1.2 适温范围

猕猴桃各品种果实气调贮藏的适宜贮温与冷藏温度一致（表2）。

8.2.1.3 测温

需自动传感器测量，一般每隔2h记录一次数据。其余与冷藏库相同。

8.2.2 相对湿度

猕猴桃气调贮藏适宜相对湿度与冷藏的要求一致，但必须在封库后才可加湿。

湿度测定需自动传感器测量，其余与冷藏库相同。

8.2.3 气体成分

采用充氮或分离法快速降氧，48～72h将库内气体成分降至规范范围（常见品种适宜气体配比见表3）。

表3　常见猕猴桃品种果实气调贮藏的气体参数

品　种	CO_2含量（%）	O_2含量（%）	品　种	CO_2含量（%）	O_2含量（%）
翠　香	2.5～3.0	4.0～5.0	秦　美	4.0～4.5	2.0～3.0
红　阳	3.5～4.0	2.5～3.0	金　香	4.5～5.0	2.5～3.0
华　优	4.0～4.5	2.5～3.0	徐　香	4.5～5.0	2.5～3.0
哑　特	4.0～4.5	2.5～3.0	海沃德	4.5～5.0	2.5～3.0

8.2.4　调气要求

封库之后即可开始降氧，一般将氧气降到高于技术指标2%　～3%，然后依靠果实的呼吸降氧，逐步达到要求的指标。之后，当库内氧气降至接近低限时，补充新鲜空气，二氧化碳升至接近高限时，开启清除装置。

8.2.5　空气环流

贮藏期间货间风速在0.25～0.35m/s。

8.2.6　贮藏期

晚熟品种的气调贮藏寿命为5～7个月。

8.2.7　果品出库

出库前2天解除气调，经约2d时间，缓慢升氧。当库内O_2浓度超过18%后才可进库操作。

出库后尽快分级包装。

9　检验

9.1　入库检验

入库前应进行外观、可溶性固形物、果实硬度检验。抽样按照GB/T 8855—2008执行。每批检验完毕后，计算检验结果，以判定该批果实的入库质量，不合格果比例＜3%。

以全部抽样件进行称重，以单位平均重量乘总件数计算入库量。

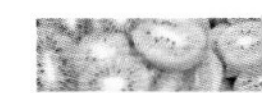

9.2 贮藏期检验

在贮藏期间应每间隔10～15d抽检一次，贮藏期检验项目包括果实硬度、可溶性固形物含量、侵染性病害、生理性病害和腐烂率。抽样按照GB/T 8855—2008执行。

9.3 出库检验

猕猴桃出库前除按贮藏期检验项目进行检验外，尚需检查统计自然损耗率，填好出库检验记录单。果实出库品质应符合GB 2763—2014。

10 试验方法

10.1 感官要求检测

果形、色泽、洁净度、果面缺陷用目测法检测。

果实大小用称重法检测。

10.2 理化要求检测

10.2.1 可溶性固形物含量、果实硬度检测

按照DB 61/T 1117—2017执行。

10.2.2 干物质含量检测

从抽取的样品中随机取30个果，沿果实中部横切面均匀切取2mm厚的薄片，称重后放入65℃烘箱内恒温烘干，取出再称重。

干物质含量=干重/鲜重 ×100%

10.2.3 侵染性病害、生理性病害、腐烂

均以目测法判定，分别称重计算百分率。

10.2.4 自然损耗率计算

自然损耗率（%）=（入库时重量－抽样时重量）/入库时重量 ×100%

西安市地方标准《翠香猕猴桃栽培技术规程》

（DB 6101/T 165—2020）[1]

1 范围

本标准规定了“翠香”猕猴桃生产中包括建园、土肥水管理、整形修剪、花果管理、病虫害防治等方面的管理技术要求。

本标准适用于西安地区翠香猕猴桃栽培。

2 规范性引用文件

下列文件对于本文件的应用是必不可少的。凡是注日期的引用文件，仅所注日期的版本适用于本文件。凡是不注日期的引用文件，其最新版本（包括所有的修改单）适用于本文件。

GB 2763　食品安全国家标准　食品中农药最大残留限量

GB/T 8321.10　农药合理使用准则（十）

GB 19174　猕猴桃苗木

NY/T 391　绿色食品　产地环境技术条件

NY/T 496　肥料合理使用准则 通则

NY/T 1276　农药安全使用规范总则

DB 6101/T 107　猕猴桃人工授粉技术规程

DB 6101/T 128　猕猴桃溃疡病综合防控技术规范

3 术语和定义

下列术语和定义适用于本文件。

---

[1] 资料来源：西安市市场监督管理局2020年11月12日发布，自2020年12月12日起实施。主要起草人：黄经营、金平涛、陈春晓、李勇超、王珂、侯东东、聂娉舒、王朝、韩亚维。

3.1 翠香猕猴桃

翠香猕猴桃是周至县农业科学技术试验站选育的早熟美味猕猴桃品种。8月底成熟，果实美观端正、整齐、长纺锤形，果喙端较尖，果皮黄褐色，果皮薄，易剥离，最大单果重130g，平均单果重92g，果肉翠绿色，味香甜，芳香味极浓，品质佳，适口性好，质地细而多汁，硬果可溶性固形物11.57%，硬度19.7kg/cm^2。2008年4月通过陕西省果树品种审定委员会审定。

4 建园

4.1 园地选择与规划

园地的环境应符合NY/T 391的要求，pH6.5～7.0，地势平坦、光照充足、交通便利，有灌溉设施的地块。

规模化园区应科学合理规划，配置田间工作房、园区道路、灌溉（排水）渠道、机械作业通道。行向以南北向为宜，风害大地区应建设防风林带。

4.2 苗木选择

苗木

苗木质量应符合GB 19174—2010的要求。选用美味猕猴桃实生砧木嫁接苗木建园，苗木基部粗度0.5cm以上，生长健壮、无病虫危害，嫁接口光滑平整。

4.3 雄株搭配

建园时按照雌雄比例 8∶1，搭配授粉雄株“秦雄401”苗木。

4.4 栽植

4.4.1 栽植时期

秋季栽植从落叶至地面封冻前进行，春季栽植在土壤解冻后至芽萌动前进行。

4.4.2 栽植密度

大棚架株行距3m×4m。

4.4.3 栽植方式

高垄栽植，栽植带高出地面20～30cm。

4.4.4 定植方法

按照栽植密度划出定植点，开挖直径、深度50～60cm定植穴或宽60～100cm、深60～80cm的条形沟，每穴施入有机肥20kg，过磷酸钙1kg，与土壤充分混合。栽前苗木留2～3个饱满芽短截并修剪受损根系。定植深度根茎部与地面齐平，露出嫁接口即可。雌雄比8：1均匀分布。

4.4.5 栽后管理

栽植后灌一次透水，采用100倍EM菌剂稀释液浇灌。萌芽前后及时插杆、抹芽、摘心、引绑，以利上架。生长期注意水肥管理，清除杂草，并在高温期间防晒遮阴。

4.5 搭建架型

根据栽植密度确定支柱位置，支柱为水泥钢筋材质，埋入地下0.7m，地上部分高1.8m左右，每行前后固定锚石，材质为水泥浇筑或石块，埋置深度1m左右。围线、锚线用多股钢绞线，锚线与地面夹角小于70°，横断用水泥钢筋材质或镀锌钢管或方钢，架设在立柱上与钢绞线交叉固定即可。

5 土肥水管理

5.1 土壤管理

5.1.1 深翻改土

新建园每年结合秋季深翻施基肥，第一年从定植穴外沿向外挖环状沟，宽度30～40cm，深度30～40cm，第二年接着上年深翻的边沿向外扩展深翻，直至两行相接即可，以后不再深翻。

5.1.2 果园生草

小行覆盖防草布，在行间可种植1m宽的白三叶、毛苕子等，每年刈割2～3次。

5.2 施肥

5.2.1 施肥原则

施肥方面要符合NY/T 496—2010肥料合理使用通则的要求。以施有机肥为主，减少化学肥料施入，注意微量元素配合使用，平衡施肥。增加或保持土壤肥力及土壤微生物活性，所施的肥料不应对果园环境或果实品质产生不良影响。提倡随灌水冲施沼液（7月之前）、沼渣（9月下旬之后）等。

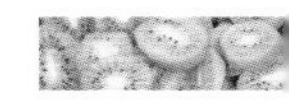

5.2.2 施肥时期

基肥在采果后至落叶前施入农家肥、生物有机肥和氮肥的20%~30%、磷肥的60%~70%、钾肥的25%。

追肥在萌芽前施入氮肥60%左右、磷肥20%左右；果实膨大期施入钾肥75%左右、氮磷肥各10%~20%。

5.2.3 施肥方法

5.2.3.1 土壤施肥

施基肥时，幼园结合深翻改土挖环状沟施入，沟宽30~40cm，深度40cm，逐年向外扩展，全园深翻一遍后改用撒施，将肥料均匀地撒于树冠下，浅翻10~15cm。施追肥时幼园在树冠投影范围内撒施，树冠封行后全园撒施，浅翻10~15cm，以不伤根系为宜。施基肥和追肥后均应灌水。

5.2.3.2 根外追肥

叶面追肥5—8月结合施药喷3~5次，每次间隔10d左右，多种叶面肥交替使用，结合喷药及叶面喷肥。常用叶面肥浓度可使用尿素0.3%~0.5%，磷酸二氢钾0.2%~0.3%，硼砂0.1%~0.3%。最后一次叶面肥在果实采收期20d前完成。

5.2.3.3 水肥一体化

提倡采用水肥一体化均衡施肥。

5.2.4 施肥量

以果园的树体大小及结果量、土壤条件和施肥特点确定施肥量，不同树龄的翠香猕猴桃园参考施肥量，见表1。

表1 不同树龄的翠香猕猴桃园参考施肥量

树龄	苗产量（kg）	每亩施优质农家肥（kg）	每亩施化肥（kg）		
			氮	磷	钾
1年生		1500	4~8	2.8~3.2	3.2~3.6
2~3年生		2000	8~12	5.6~6.4	6.4~7.2
4~5年生	1000	3000	12~16	8.4~9.6	9.6~10.8
6~7年生	1500	4000	16~18	11.2~12.8	12.8~14.4
成龄园	2000	5000	18~20	14~16	16~18

注：根据需要加入适量铁、钙、镁等其他微量元素肥料，同时混入生物菌肥。

5.3 水分

5.3.1 灌水

萌芽前、开花前、开花后根据土壤湿度各灌水一次，花期控制灌水。果实迅速膨大期根据土壤湿度情况及时灌水。提倡采用滴灌、微喷等节水灌溉措施。果实采收前15d左右应停止灌水。越冬前灌一次透水。

5.3.2 排水

低洼易发生涝害的果园周围需修筑排水沟进行排水。

6 整形修剪

6.1 整形

采用单主干双主蔓架型。一年生幼树冬季在饱满芽处剪截，促发强枝，尽早上架。二年生幼树在主干上接近架面下20～30cm处留2个主蔓，分别沿中心钢丝上反方向伸展，主蔓的两侧每隔30cm左右留一强壮的结果母枝，结果母枝与行向呈直角固定在架面上。

6.2 修剪

6.2.1 修剪原则

采用去弱留强、去下留上、去直留平、多芽少枝的修剪原则。

6.2.2 冬季修剪

6.2.2.1 幼树修剪

幼树以培养架型为主，两年生树选留健壮枝在饱满芽外2cm处剪截，培养结果母枝，冬季在架面上沿钢绞线方向培养的两侧主蔓留50cm短截。

6.2.2.2 盛果期树修剪

盛果期树在主蔓上间距30cm左右选留健壮结果枝和发育枝，使其呈羽状均匀分布在架面上。结果枝每年更新50%，两年内全部更新一遍。对于长果枝宜长放，留出的枝条要分布均匀、绑缚架面。

6.2.3 生长季修剪

采用“外控内促”修剪技术，外控主要是早摘心，控制外围枝条营养生长，内促是培养树冠中心靠近基部的结果枝、发育枝。

6.2.3.1 抹芽

萌芽后，疏除背下芽、病虫芽等，抹除根部萌蘖，结果枝间距20cm。

6.2.3.2 摘心

一般枝条自动停止生长时不摘心，发育枝条在其新梢弯曲缠绕生长时摘心或捏尖，结果枝可在最上花蕾前留4～6片叶摘心；徒长枝有空间的留2～3片叶摘心，促发二次枝利用。

6.2.3.3 生长季修剪

疏除细弱枝、过密枝、丛生枝、背下枝、病虫枝及不能用作下年更新枝的徒长枝等。每隔20cm保留一结果枝，枝条均匀分部，保证架面通风透光，促进发育枝形成饱满花芽，培养为来年的结果母枝。改善树冠内通风透光条件，7—8月份叶果比达到4：1，地面有斑驳光影为宜，提高果实品质。

6.2.3.4 雄株修剪

在花后进行，选留健壮枝蔓，衰老枝蔓回缩更新，疏除过密枝。

6.2.4 高接换头

6.2.4.1 方法

选择生长健壮、无病虫害、芽眼饱满的翠香接穗沙藏待用。准备高接换头的果园冬剪时在主蔓上留8～10个要嫁接的枝条，主干老化的可选留根部健壮的萌蘖枝，在架面下15～30cm处平茬。于立春后至4月中旬用劈接法、皮下枝接法或单芽枝腹接法进行硬枝嫁接。

6.2.4.2 接后管理

接芽成活萌发后留4～5叶摘心或捏尖，促发二次枝，留一个健壮芽，扶持直立生长，并在其顶端变细弯曲时及时摘心或捏尖。其余萌发新芽留4～6片叶反复摘心，控制生长，冬剪时疏除。高温季节，对被接树干做好防晒保护，全园灌溉降温。

7 花果管理

7.1 疏蕾

花蕾自侧花蕾分离2周左右开始疏蕾，先将枝条上侧花蕾、畸形蕾、病虫危害蕾全部疏除。一般强壮的长果枝留5～6个花蕾，中庸的结果枝留3～4个花蕾，短果枝留1～2个花蕾。

7.2 授粉

7.2.1 人工授粉

按照DB 6101/T 107猕猴桃人工授粉技术规程执行。

7.2.2 蜜蜂授粉

在约10%的雌花开放时，每亩果园放置不少于7000头活力旺盛的蜜蜂，园中和果园附近不能有与猕猴桃花期相同的植物，园中的三叶草、毛苕子等绿肥应在蜜蜂进园前刈割一遍。

7.3 疏果

疏果在盛花后15d左右开始，一般进行两次。首先疏去扁平果、伤果、小果、病虫危害果等，保留果梗粗壮、发育良好的正常果。长果枝留4～6个果，中庸的结果枝留2～4个果，短果枝留1个果或不留果。同时注意控制全树的留果量，成龄园架面留果40～45个/m^2。

7.4 采收

7.4.1 采收时期标准

9月中下旬，果实可溶性固行物含量达到7.0%以上，硬度应在10～11kg/cm^2，可分期分批采收。

7.4.2 采收方法

采收时需戴手套，建议用采果袋采收，采收时应轻拿轻放，避免碰撞。

8 病虫害防治

8.1 防治原则

坚持“预防为主，综合防治”的植保方针。以农业防治为基础，综合利用物理、生物、化学等防治措施。充分采用生物防治措施，合理科学使用化学防治技术。

8.2 农业防治

增施有机肥，配方施肥，适时灌水，控制负载，提高植株的抗逆性能。及时清园，降低病虫发生基数。

8.3 物理防治

果园安装杀虫灯，悬挂诱板，诱杀部分害虫。

8.4 生物防治

释放赤眼蜂、捕食螨等，推广使用生物农药防治病虫。

8.5 化学防治

8.5.1 农药选择

按照《农药合理使用准则》(GB/T 8321)、《农药安全使用规范总则》(NY/T 1276—2007)、《食品安全国家标准 食品中农药最大残留限量》(GB 2763—2016)，选用高效低毒、低残留、对天敌杀伤轻的化学农药和生物农药，禁止使用国家禁用和限用农药。

8.5.2 防治要求

猕猴桃全生育期病虫害防控实施“病虫基数控制、部分害虫诱杀、植物免疫诱导、安全药剂防治、高效药械应用”五大绿色防控集成技术，结合猕猴桃主要病虫害发生危害规律、物候条件及生产实际，制定猕猴桃病虫害绿色防控防治方案和应急预案，全年用药3～6次，即越冬-萌芽前（12月至次年2月）、幼果期（6—7月）和收获后（10—11月）应该各用药1次，共计3次。现蕾至开花前（3—5月）、花后（5月下旬）和壮果期（8—9月）根据病虫发生危害程度，按照防治指标确定是否施药。全生育期病虫害防治严格控制施药量和次数，使化学农药使用量减少20%以上，重大病虫防治处置率在90%以上，病虫危害损失率控制在10%以下，果品农药残留控制在允许水平之内，达到“集成技术、减量增效、形成规范”的目标。

8.5.3 防治方法

病虫害综合防治措施见附表A。

9. 灾害防御

9.1 冻害

采果后尽早施入基肥，叶面喷施两次钙肥，提高树体抗寒能力。深秋树干涂抹防冻剂。根茎部要埋30cm高的土堆，树干地面以上50cm裹缠报纸、纸板等透气性好的材料。

注意观察天气变化，霜冻（倒春寒）来临前，在果园上风口熏烟，遇大雪天及时摇落树枝上的积雪等进行防冻。

9.2 风害

风害严重区域需建设防风林、防风墙等。

9.3 日灼

高温季节，每隔15d左右，选用磷酸二氢钾、钙肥等叶面肥进行喷施，同时交替加入氨基寡糖素或芸苔素内酯等生长调节剂，提高叶面抗性。

6—8月，保持土壤含水量不低于65%，行间生草并定期刈割。

附表A 翠香猕猴桃病虫害周年防治措施

时期	防治对象	防治措施
越冬—萌芽前（12月至次年2月）	溃疡病和桑盾蚧、斑衣蜡蝉、螨类等越冬病虫害	1.清洁田园。结合冬季整形修剪，剔除病虫枝，抹除枝干上有越冬的桑盾蚧、斑衣蜡蝉等越冬虫体。将修剪下来的枝条及园内的枯枝落叶，全部集中带出园外做无害化处理。 2.枝干涂白。做好树干涂白保护工作，既可防冻，又可消灭潜伏树干上越冬的病菌及害虫。涂白剂配方：生石灰10份，石硫合剂2份，食盐1～2份、黏土2份、水35～40份，涂白时间在落叶后至土壤结冻前，主干及大枝全面刷白。 3.全园喷药。清园后和萌芽前全园喷施3～5波美度石硫合剂（原液为生石灰：硫黄：水=1：2：10）进行全园喷施。对于较大剪口需用杀菌剂药泥或糊剂涂抹封口。
现蕾至开花前（3—5月上旬）	溃疡病、花腐病和金龟甲、斑衣蜡蝉、蜱象、桑盾蚧等	1.化学防控组合（杀虫剂+杀菌剂+免疫诱抗剂）。 杀虫剂：5%高效氯氰菊酯ME1500～2000倍、7.5%氯氟·吡虫啉EW1500～2000倍。 杀菌剂：20%噻菌铜SE400～600倍、3%噻霉酮WP800～1000倍、40%春雷·噻唑锌SC1000～1500倍、3%中生菌素WP800～1000倍。 免疫诱抗剂：0.136%赤·吲乙·芸薹3～6克/亩、5%氨基寡糖素AS800～1000倍。 2.病斑刮除+杀菌剂涂抹法。对于溃疡病发生较重的果园需采用，对新发现的溃疡病病疤除后涂抹52%王铜·代森锌WP300～500倍等药剂，并使用免疫诱抗剂灌根，以增强树势，提高树体抗性。 3.害虫诱杀。一是4月果园安装杀虫灯诱杀食花金龟甲；二是利用蜱象的趋性和产卵前的补充营养特性，园内种植伞形科植物（胡萝卜、香菜等）诱杀；三是利用金龟甲的假死性早晨或傍晚振动树体拾杀；四是人工抹杀斑衣蜡蝉卵块；五是利用性诱器进行诱杀。
开花后（5月下旬）	小薪甲、桑白蚧、蜱象、斑衣蜡蝉及褐斑病、溃疡病等	化学防控组合（杀虫剂+杀菌剂）。 杀虫剂：2.5%氯氟氰菊酯ME1000～1500倍、7.5%氯氟·吡虫啉EW1500～2000倍。 杀菌剂：80%代森锰锌WP800～1000倍、70%甲基硫菌灵WP800～1000倍、3%中生菌素WP800～1000倍、6%春雷霉素WP800～1000倍。 免疫诱抗剂：0.136%赤·吲乙·芸薹3～6克/亩、5%氨基寡糖素AS800～1000倍。

（续）

时期	防治对象	防治措施
幼果期（6—7月）	小薪甲、叶螨类、桑白蚧及褐斑病、灰霉病等	1.化学防控组合（杀虫剂+杀菌剂+免疫诱抗剂）。 杀虫剂：2.5%氯氟氰菊酯ME1000～1500倍、1.8%阿维菌素EC3000～4000倍、4%联苯菊酯EC2000～3000倍等。 杀菌剂：70%甲基硫菌灵WG800～1000倍、30%苯醚甲环唑SC3000～4000倍、30%己唑醇SC6000～8000倍、10%多抗霉素WP1000～1500倍、10%异菌脲AS1000～1500倍。 免疫诱抗剂：0.136%赤·吲乙·芸薹3～6克/亩、5%氨基寡糖素800～1000倍等。 2.合理疏果：定果时疏除双连果，预防小薪甲危害。定量挂果，控制负载，增强树势。 3.虫害抹杀：用钢丝刷、草把等刷除密集在枝干上的桑盾蚧若虫。
优果期（8—9月）	蜻象、叶蝉、叶螨及溃疡病、黑斑病、灰霉病等	1.化学防控组合（杀虫剂+杀螨剂+杀菌剂）。 杀虫剂：7.5%氯氟·吡虫啉SE1000～1500倍或4.2%高氯·甲维盐EW1500～2000倍。 杀螨剂：1.8%阿维菌素EC2000～3000倍、15%哒嗪酮EC或20%扫螨净2000～3000倍、3%阿维菌素+矿物油1500～2000倍或240g/L螺螨酯SC4000～6000倍。 杀菌剂：70%甲基托布津800～1000倍、70%丙森锌WP600～800倍、50%抑霉唑EC1000～2000倍、25%晴菌唑EC700～900倍等。 2.枝干涂药喷淋。预防溃疡病菌侵染，进行枝干涂药保护。此时涂干药剂的浓度是生长期使用浓度的10倍。
采果后（10—11月）	溃疡病、灰霉病和叶蝉等	化学防控组合（杀虫剂+杀菌剂+免疫诱抗剂）。 杀虫剂：70%吡虫啉WG6000～8000倍或7.5%氯氟·吡虫啉SE1000～1500倍。 杀菌剂：20%噻菌铜SE400～600倍、3%噻霉酮WP800～1000倍、40%春雷·噻唑锌SC1000～1500倍、3%中生菌素WP800～1000倍等。 免疫诱抗剂：20%苯肽胺酸SL800～1000倍、0.136%赤·吲乙·芸薹3～6克/亩、5%氨基寡糖素AS800～1000倍等。

西安市地方标准《海沃德猕猴桃栽培技术规程》

（DB 6101/T 32—2019）[1]

1 范围

本标准规定了海沃德猕猴桃的建园、土肥水管理、树体管理、病虫害防治等要求。

本标准适用于西安地区海沃德猕猴桃栽培。

2 规范性引用文件

下列文件中的条款通过本标准的引用而成为本标准的条款。凡是注日期的引用文件，其随后所有的修改单（不包括勘误的内容）或修订版均不适用于本标准，然而，鼓励根据本标准达成协议的各方研究是否可使用这些文件的最新版本。凡是不注日期的引用文件，其最新版本适用于本标准。

GB 19174—2010　猕猴桃苗木

DB 61/T 220—2014　猕猴桃 栽培技术规程

DB 61/T 886—2014　猕猴桃 适宜区立地环境条件

DB 6101/T 107—2016　猕猴桃人工授粉技术规程

3 建园

3.1 园址选择

应按照DB 61/T 886—2014 执行。

3.2 苗木准备

[1] 资料来源：西安市质量技术监督局2019年1月25日发布，自2019年2月25日起实施。主要起草人：何恒春、杨团应、张超、张清明。

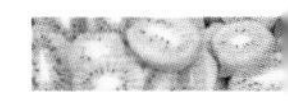

3.2.1 苗木质量

符合GB 19174—2010的要求。

3.2.2 配套雄株

选择生长健壮，抗性强，雌雄花期相遇，雄花多，花粉量大，萌发力强的雄株进行配套。

3.2.3 雌雄株搭配

雌雄株搭配比例为（6～8）：1。

3.3 栽植技术

3.3.1 栽植时期

秋栽、春栽均可。秋季栽植从9月下旬带叶带土移栽至落叶前结束，春季栽植在土壤解冻后至芽萌动前进行。

3.3.2 架型的选择

一般采用T形架和大棚架。

3.3.3 定植密度

T形架行株距为4m×3m或4m×2m，大棚架行株距为4m×4m或4m×3m。

3.3.4 挖定植穴

0.8～1.0m^{3}或按此标准挖定植沟。

3.3.5 底肥施用

底肥每穴施入75～100kg农家肥和1kg过磷酸钙或磷酸二铵复合肥与土混合施入。

3.3.6 栽植深度

以浇足稳苗水土壤充分下沉后，根茎部与地面齐平为宜。

3.3.7 浇水

栽后踩实，及时浇足稳苗水。

3.3.8 遮阴

行间种植玉米或带叶树枝等物遮阴。

3.3.9 补栽

出现缺株之处，及时补栽大苗。

3.4 实生苗嫁接

3.4.1 嫁接

实生苗栽植一年后，春季2月中下旬或4月中旬避开伤流期采用舌接法嫁接换头，也可根据枝条粗细选择劈接法、皮下枝接法、舌接法、单芽枝腹接法进行嫁接。7—9月份也可进行绿枝舌接、单芽枝腹接、嵌芽接。

3.4.2 接后管理

嫁接树体上的实生萌芽长至5cm左右时应及时抹除，接芽成活萌发后留4～5叶摘心，促发二次枝，当二次枝长到1～1.5m时，水平或斜状均匀地固定在架面铁丝上，同时解除嫁接时的缚绑物，高温季节来临前，对树干涂白或用防晒网保护，严防树干日灼。

4 土肥水管理

4.1 土壤管理

4.1.1 园土深翻熟化，定植后1～3年内完成，落叶后土壤深翻30～50cm，逐年向外扩大树盘，直至全园深翻一遍；树冠投影下深度15cm。

4.1.2 中耕除草

及时进行，疏松表土，除草保墒。

4.1.3 果园生草

在树冠外行间种植三叶草、鼠茅草、毛苕子等多年生绿肥植物，适时进行刈割，覆盖于树盘。

4.2 果园施肥

4.2.1 幼树

栽植后2～3年，少量多次，以氮肥为主。第一年5月中下旬雨后或灌水后，每株树盘撒施尿素25～30g。第二年 3、5、7月份分三次，树盘开沟施入尿素，每株总量为纯氮120g。第三年秋施有机肥，春、夏追施氮肥，每株总纯氮为100g。

4.2.2 成龄树

4.2.2.1 基肥

应在采果后至地冻前，每亩施入腐熟农家有机肥2500～3500kg，11月上旬以前配合施入生物菌肥50kg、多元矿物微肥50kg、磷酸二氢铵20kg。结合秋深耕果园施入，基肥占总施肥量的60%左右。

4.2.2.2 追肥

以氮、磷、钾复合肥为主，分三次树盘开浅沟施入。第一次，萌动至现蕾，以氮为主的复合肥占总肥量的15%。第二次，开花后以磷、钾为主的复合肥占总肥量的15%。第三次，7月中下旬，以钾为主的复合肥占总肥量的10%。

4.2.2.3 叶面追肥

选含有中微量元素和氨基酸等有机质及生长调节剂的优质叶面肥，5—8月结合施药喷3～5次，每次间隔10d左右，多种叶面肥交替使用。

4.3 灌水、排水、保墒

4.3.1 灌水

果园土壤相对含水量低于60%，幼叶中午开始萎蔫时应及时灌水。

4.3.2 排水

雨季或低凹地果园，地表有积水时应及时排出明水。

4.3.3 保墒

多次刈割绿肥覆盖树盘，灌水或下雨后及时中耕，除草保墒；干旱地区提倡地面覆盖保墒。

5 树体管理

5.1 引蔓上架

靠近幼树根部插一竹竿，绑缚枝条，引导直立生长上架，防风折断。

5.2 整形

5.2.1 双主蔓

单主杆上架后，采用Y形向架两边分头延伸，培育主蔓；主蔓每隔60cm左右绑缚固定，主蔓的两侧每隔35cm左右留一强壮结果母枝，结果母枝上选留结果枝。

5.2.2 多主蔓

单主杆或多主杆架下进行分蔓，多蔓形成伞状上架，各主蔓的两侧每隔30cm左右留一强壮结果母枝，结果母枝上选留结果枝。

5.3 修剪

5.3.1 冬季修剪

5.3.1.1 修剪时间

应在12月10日至次年1月20日（大雪—大寒）之间进行。

5.3.1.2 幼树修剪

嫁接苗生长到架面下60cm进行定干，促发主蔓生长。主蔓上架后，在饱满芽处短截，扩大树冠。

5.3.1.3 成龄树修剪

从基部剪除主干、主蔓上的多余萌枝。选留健壮的发育枝或结果枝作为结果母枝，每平方米（营养面积）留2个左右，中枝留6～8芽，长枝留8～12芽，在饱满芽处进行剪截，强壮的结果母枝还可以适当延长修剪。

5.3.1.4 衰老树修剪

对部分主蔓或结果母枝进行回缩，促进形成新的结果母枝。

5.3.2 夏季修剪

5—9月采取多种措施进行调节新梢生长。

5.3.2.1 疏芽

展叶现蕾后，及时疏除花丛芽、下位芽、病虫芽、过密芽。每平方米（营养面积）留10～12个健壮芽，其中花芽占70%。

5.3.2.2 摘心

结果枝显蕾结束后，最上花蕾前留1～2片叶摘心。徒长枝留2～4片叶摘心促发二次枝，强旺发育枝留3～5叶摘心以防风折。发育枝、二次枝直立生长结束后，对节间拉长、叶片变小、枝条变细并弯曲生长的新梢进行摘心。

5.3.2.3 摘叶

7—8月对树冠内膛见不上阳光的老叶和细弱枝条及时剪除，通风透光。

5.4 花果管理

5.4.1 疏蕾

花蕾分离后两周左右开始疏蕾，先将结果母枝上过密的、生长较弱的结果枝上的花蕾疏去，再将所保留结果枝上的畸形蕾、瘦小蕾、病虫危害蕾、侧花蕾去除。长果枝留6～8个花蕾，中果枝留4～5个花蕾，短果枝留1～3个花蕾。

5.4.2 授粉

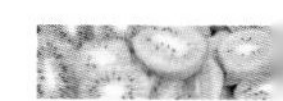

按照DB 6101/T 107—2016执行。

5.4.3 疏果

盛花后15d左右，首先疏去颜色发黄、授粉不良的畸形果、扁平果、伤果、病虫危害果；花后35天左右，疏去小果、病虫果、日灼果、有刺果，根据结果枝生长势确定留果数量，生长健壮的长果枝留4～6个果，中果枝留2～4个果，短果枝留1～2个果。

5.4.4 套袋

花落后40～60d于定果后进行，使用长16cm、宽12cm褐黄色木浆纸单层袋，下不封口。

5.4.5 采收

当果实可溶性固形物含量达6.5%以上、干物质含量达到14.5%以上时，一般在10月15日前后即可分批、分级采收。

6 主要病虫害防治

6.1 主要病虫害

6.1.1 主要病害

主要病害有溃疡病、根腐病、花腐病、褐腐病、褐斑病、炭疽病、灰霉病、黄化病、小叶病等。

6.1.2 主要虫害

主要虫害有蟀象、斑衣蜡蝉、小薪甲、金龟子、蚧壳虫、红蜘蛛、食心虫、根结线虫、大小青叶蝉、小袋蛾、蜗牛、蟋蟀等。

6.2 防治方法

6.2.1 农业措施

选择最佳适生区的地块，采用科学合理的栽培措施，培育健壮树体提高抗病虫害能力，减少病虫危害。

6.2.2 物理措施

彻底清除枯枝落叶杂草、病虫枝果，刮除老皮等；铲除病虫源；设置诱虫板、黏虫板、糖醋液、熏驱避剂、紫光灯或频振式杀虫灯等措施。

6.2.3 生物措施

采用性诱剂、生物菌剂、保护和放养天敌等。

（续）

企业名称	企业地址	负责人	电　话
西安鑫康果业食品有限公司	周至县哑柏镇庄头村	张建勃	13319219060
陕西裕源果业有限公司	周至县楼观镇	黄乃谋	13991942555
西安市北吉果蔬专业合作社	周至县富仁镇和平村	赵　旭	13630256567
西安金周现代农业有限公司	周至县广济镇南大坪村	丁小俊	13901375715
西安圣果现代农业有限公司	周至县富仁镇辛家寨	王开国	13720726888
西安市姚氏果业专业合作社	周至县司竹镇	姚忠朝	13991342826
西安市周至县海宏果品有限公司	周至县竹峪镇凤凰岭村	樊海宏	13572941096
周至县誉隆猕猴桃专业合作社	周至县楼观镇	杨选龙	18066516366
西安市江龙果业发展有限公司	周至县楼观镇送兵村	赵江鱼	13772050898
西安市碧丰果品专业合作社	周至县马召镇金盆村	徐继成	13363948476
周至县富斌猕猴桃专业合作社	周至县楼观镇三家庄村永兴路	葛富斌	13488138814
西安市周一现代农业有限责任公司	周至县楼观镇周一村	史立叶	18092166427
西安顾香果品专业合作社	周至县终台路北段（南横线北300米）	郭　杰	13709123696
西安万禾丰农业科技有限公司	周至县楼观镇焦镇村13组	吕明利	15289488456
陕西百宝园农业发展有限公司	周至县南横线黑河桥西	解国正	19991292888
周至旭心果业专业合作社	周至县楼观镇肖里村	黄　涛	15029967827
西安缤纷果品销售有限公司	周至县楼观镇送兵村	葛骏骏	13629288189
周至县光华农副产品购销专业合作社	周至县集贤镇东村	雷一鸣	13325485805
西安市金满源果蔬专业合作社	周至县富仁镇建兴村	翟　军	15129239666

6.2.4 化学防治

6.2.4.1 萌芽展叶前，用石硫合剂或铜制剂清园、杀蚧壳虫，防治溃疡病。

6.2.4.2 开花前后用杀虫杀菌剂1～2次，防治花腐病、蝽象、斑衣蜡蝉、小薪甲。

6.2.4.3 7—8月用杀螨剂治红蜘蛛等。

6.2.4.4 采果前30天，用杀虫杀菌剂防治青叶蝉、斑衣蜡蝉、杀菌保叶。

6.2.4.5 采果后至落叶前，用杀虫杀菌剂清园，防止溃疡入侵。

7 防冻

7.1 休眠期防冻

采果后尽早施入基肥，根茎部培土30cm厚，包裹树干；土壤封冻前浇灌封冻水，雪天及时摇落树上积雪。

7.2 防止晚霜

早春2月下旬至3月上中旬，果园灌水降低地温，推迟发芽；萌芽后加强树体管理；晚霜来临前采取果园熏烟或开启喷灌设施洒水，预防新梢受冻。

西安市地方标准《有机猕猴桃栽培技术规程》

（DB 6101/T 03—2019）[1]

1 范围

本标准规定了有机猕猴桃的建园、土肥水管理、树体管理、花果管理、病虫害防治、日灼及冻害防治等要求。

本标准适用于西安地区有机猕猴桃栽培管理。

2 规范性引用文件

下列文件中的条款通过本标准的引用而成为本标准的条款。凡是注日期的引用文件，其随后所有的修改单（不包括勘误的内容）或修订版均不适用于本标准，然而，鼓励根据本标准达成协议的各方研究是否可使用这些文件的最新版本。凡是不注日期的引用文件，其最新版本适用于本标准。

GB 19174—2010　猕猴桃苗木

GB/T 19630.1—2011　有机产品　第一部分　生产

DB 6101/T 107—2016　猕猴桃人工授粉技术规程

3 建园

3.1 园地选择

3.1.1 基本要求

应符合GB/T 19630.1—2011的要求，选择地势平坦、土层深厚、土壤肥沃、理化性状好的壤土或沙壤土，要求光照充足、交通便利，有可靠灌溉水源

[1] 资料来源：西安市质量技术监督局2019年1月25日发布，自2019年2月25日起实施。主要起草人：何恒春、杨团应、张超、李玲玲。

及排涝设施的地块。满足有机猕猴桃生产应有的转换期及缓冲带，兼顾完整性。

3.1.2 气候条件

年平均气温11.3～16.9℃，12月至次年1月最低气温不低于−17℃。生长季节应有不少于0℃的有效积温4500～5200℃，年降水量600～1000mm，有灌水条件。年日照1300～2600h。年无霜期180d以上。

3.1.3 土壤条件

pH6.5～7.5，有机质含量≥1.5%。

3.1.4 海拔条件

海拔条件在400～1200m为宜。

3.1.5 地形条件

适宜平原地区栽植，山地宜在15°以下的阳坡、早阳坡和晚阳坡栽植，易积水的低凹地不宜栽植。

3.2 品种选择

以适应当地气候土壤条件的中晚熟美味系列猕猴桃为主，选择抗病虫害、抗逆性强、丰产优质的品种，个别小气候环境可选择中华系列或软枣系列猕猴桃。

3.2.1 中早熟品种

翠香、红阳、徐香、华优等。

3.2.2 晚熟品种

海沃德、哑特、金香、瑞玉、农大郁香、农大猕香等。

3.2.3 雄株选择

雄株应与栽植雌株配套，要求花期基本相遇、花量大、花粉多、萌发率高，授粉亲和性好。

3.3 苗木准备

3.3.1 质量要求

应符合GB 19174—2010的要求。采用一级苗木为宜。

3.3.2 雄株配套

雌雄株配套比为8：1，即8株雌株中间定植1株雄株。

3.4 栽植技术

3.4.1 栽植时期

秋栽、春栽均可。秋季栽植从9月下旬带叶带土移栽至落叶前结束，春季栽植在土壤解冻后至芽萌动前进行。

3.4.2 架型的选择

一般采用T形架和大棚架。

3.4.3 定植密度

T形架行株距为4m×3m或4m×2m，大棚架行株距为4m×4m或4m×3m。

3.4.4 栽植深度

以浇足稳苗水土壤充分下沉后，根茎部与地面齐平为宜。

3.4.5 栽植方法

3.4.5.1 定点挖坑

放线划出定植点，挖成长、宽、深度为80～100cm的定植坑或宽70～100cm、深70～100cm的定植沟，挖出的表土和心土分开放置。

3.4.5.2 施入基肥

每穴施入腐熟农家肥30～50kg、生物有机肥3～5kg、天然磷肥1kg与土壤充分混合。

3.4.5.3 苗木定植

对栽植苗木留3～5个饱满芽短截并修剪受伤根系，使根系舒展与土壤充分结合，雄株按梅花状栽植，均匀分布。

3.4.5.4 浇稳苗水

栽后及时浇足稳苗水，土壤分墒后及时中耕松土保墒。

3.4.5.5 遮阴覆盖

第一年，行间种植1～2行玉米或用带叶树枝遮阴，兼用麦糠、秸秆等将直径1m的树盘覆盖，保墒抗旱，提高成活率。

3.5 实生苗嫁接

实生苗栽植一年后，春季2月中下旬或4月的中旬避开伤流期采用舌接法嫁接换头，也可根据枝条粗细选择劈接法、皮下枝接法、舌接法、单芽枝腹接法进行嫁接。7—9月可以进行绿枝舌接、单芽枝腹接、嵌芽接。

4.土肥水管理

4.1 土壤管理

4.1.1 深翻改土

新建园从定植穴逐年向外深翻扩盘，深度30～40cm，下一年接着上一年深翻的边沿继续向外扩展，直至全园深翻一遍。成龄园深度以不伤害主要根系为宜，深度15cm左右。

4.1.2 中耕除草

及时进行，疏松表土，除草保墒。

4.1.3 果园生草

在树冠外行间种植三叶草或毛苕子等多年生绿肥植物，适时进行刈割，覆盖于树盘。

4.2 果园施肥

根据树龄及树体大小、结果量、土壤条件、肥料特点确定施肥量。幼园采用放射状、环状沟施入，成龄园全园撒施，施肥后及时灌水。

4.2.1 幼园

栽植后第一年，每株施腐熟有机肥20kg，腐熟的沼渣或沼液0.5～1kg；第二年每株施腐熟有机肥25kg，腐熟的沼渣或沼液1～2kg。

4.2.2 成龄园

4.2.2.1 基肥

每年采果、落叶后，结合果园冬季深耕全园施入，或采用放射状沟施，或距树干1m环状沟、半圆沟、条沟，沟深10～15cm施入均可。每株施腐熟优质农家肥50kg、生物有机肥3～5kg、生物固氮菌肥0.2kg。

4.2.2.2 追肥

按照GB/T 19630.1—2011的要求执行。

第一次3月上中旬萌芽展叶前，每株树冠投影下，散施生物钾肥0.5kg，浅锄入土。

第二次6月上旬，距树干1m 挖10～15cm深的沟，施入生物有机肥、冲施酵素菌。

第三次7月中下旬，施入沼液、沼渣、草木灰、生物钾肥、酵素菌等生物有机肥、腐熟的有机肥。

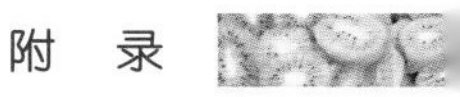

4.3 灌水排涝

4.3.1 灌水时间

生长期干旱时中午叶片开始萎蔫即应及时进行灌水，夏季灌水在早晚进行。萌芽前、开花前、施基肥后、封冻前及时灌水，可采用沟灌、喷灌、滴灌等节水灌溉技术。

4.3.2 排水

雨涝天积水果园每隔3～4行树在行间挖1条排水沟，及时排出明水。

4.3.3 保墒

干旱地区5—8月份刈割青草覆盖，或用秸秆覆盖行间，或行间生草。

5.树体管理

5.1 引蔓上架

靠近幼树根部插一竹竿，绑缚枝条，引导直立生长上架，防风折断。

5.2 整形

5.2.1 双主蔓

单主杆上架后，采用Y形向架两边分头延伸，培育主蔓；主蔓每隔60cm左右绑缚固定，主蔓的两侧每隔35cm左右留一强壮结果母枝，结果母枝上选留结果枝。

5.2.2 多主蔓

单主杆或多主杆架下进行分蔓，多蔓形成伞状上架，各主蔓的两侧每隔30cm左右留一强壮结果母枝，结果母枝上选留结果枝。

5.3 合理修剪

5.3.1 修剪时期

分冬季修剪（大雪—大寒）和夏季修剪（5—9月）两个时期。

5.3.2 冬季修剪

采用短截和疏除的方法根据不同品种、不同树势、枝条长短进行修剪。长梢剪留9～12芽、中梢剪留5～8芽、短梢剪留2～4芽。

5.3.2.1 幼树和衰老树在饱满芽处短截，促发旺枝，以迅速扩大和恢复树冠，培养牢固的主蔓、结果母枝和发育良好的营养枝。

5.3.2.2 盛果树对主干上的萌蘖全部从基部去除；对于结果母枝上的发育

枝、强壮的结果枝如位置合适留作下年结果母枝，根据树势每株留结果母枝18～26个；从基部疏除病虫枝、弱小枝，更新衰弱的结果母枝。

5.3.2.3 平茬更新，对于主杆因病、因伤或生长势极度衰弱的植株从地上全截更新，重新上架，培养树形。

5.3.2.4 绑蔓

将冬季修剪后所留枝条，均匀分布于架面，用布条等物绑缚固定于架面。

5.3.3 夏季修剪

显蕾至果实采收前，反复多次进行。

5.3.3.1 疏芽

当展叶显蕾后及时疏除花丛芽、下位芽、病虫芽、过密芽。每平方米营养面积留10～15个健壮芽，其中结果芽占70%。

5.3.3.2 摘心

从5月上中旬开始，发育枝、结果母枝基部的强壮结果枝在新梢弯曲缠绕时摘心，其他结果枝在花前留5～7片叶摘心。二次枝留1～2片叶摘心；徒长枝留2～4片叶摘心，发出的二次枝留7～12片叶摘心。以后发出的三次枝、四次枝留1～2片叶反复摘心。

5.3.3.3 疏枝剪梢

7—8月对树冠内膛影响通风透光的细弱枝、病虫枝、过密枝、双芽枝、无用枝进行疏剪，剪除梢端缠绕部分。

5.3.3.4 花后对雄株进行重剪回缩。

6. 花果管理

6.1 疏蕾

花蕾分离后两周左右开始疏蕾，先将结果母枝上过密的、生长较弱的结果枝上的花蕾疏去，再将所保留结果枝上的畸形蕾、瘦小蕾、病虫危害蕾、侧花蕾去除。长果枝留6～8个花蕾，中果枝留4～5个花蕾，短果枝留1～3个花蕾。

6.2 授粉

按照DB 6101/T 107—2016执行。

6.3 疏果

盛花后15d左右，首先疏去颜色发黄、授粉不良的畸形果、扁平果、伤

果、病虫危害果；花后35d左右，疏去小果、病虫果、日灼果、有刺果，根据结果枝生长势确定留果数量，生长健壮的长果枝留4～6个果，中果枝留2～4个果，短果枝留1～2个果。

6.4 套袋

花落后40～60d于定果后进行，使用长16cm、宽12cm褐黄色木浆纸单层袋，下不封口。

6.5 采收

当果实可溶性固形物含量达6.5%以上、干物质含量达到15%以上时即可分批、分级采收。

7.病虫害综合防治

病虫害防治应符合GB/T 19630.1—2011的要求。

7.1 主要病虫害

7.1.1 主要病害

主要病害有溃疡病、花腐病、根腐病、褐腐病、褐斑病、灰霉病、黄化病、小叶病等。

7.1.2 主要害虫

主要害虫有金龟子类、蝽象类、斑衣蜡蝉、小薪甲、蚧壳虫、卷叶虫、红蜘蛛、大小青叶蝉、蜗牛、蟋蟀、蛴螬、根结线虫、蝼蛄、天牛、桃蛀螟、棉铃虫等。

7.2 综合防控措施

7.2.1 建立良性生态系统

7.2.1.1　保护猕猴桃园周围生态环境，建立生物多样化的生态环境系统，吸引害虫天敌，并为天敌创造良好的栖息环境。

7.2.1.2 规模化园区建立防护林、设置隔离带，以减轻病虫害的流行速度。

7.2.1.3　从猕猴桃树、病虫草和有益生物等整个生态系统出发，综合运用各种预防措施，创造不利于病虫草孳生和有利于各类天敌繁衍的环境条件，保持农业生态系统的平衡和生物多样性，减少各类病虫害造成的损失。

7.2.2 农业措施

从外地调入苗木及接穗应严格检疫，不得有检疫对象。冬夏季科学修剪，改善果园通风透光条件，加强肥水管理，控制产量，培养健壮的树体和发达的根系，增强抵抗病虫危害能力。落叶后萌芽前用5波美度石硫合剂进行清洁果园，杀灭蚧壳虫等害虫。

7.2.3 生物防治

利用害虫天敌消灭害虫如利用螳螂捕食蟋蟀，草蛉捕食棉铃虫、红蜘蛛、地老虎的卵，赤眼蜂寄生棉铃虫、地老虎的卵等。

7.2.4 物理防治

7.2.4.1 用性诱剂、黑光灯、频振杀虫灯诱杀桃蛀螟、棉铃虫等害虫成虫；用黏虫板等物理方式诱杀害虫；种植蓖麻驱避金龟子等。

7.2.4.2 人工捕捉，利用金龟子等害虫的假死性，人工捕杀成虫；冬季灭杀果园斑衣蜡蝉虫卵、黄刺蛾等虫茧。

7.2.4.3 刮除老树皮，去除干桩枯枝，剪除病虫枝叶，集中灭杀潜伏的害虫。

7.2.5 化学防治

不能使用人工合成的化学农药。生长季节可利用生物制剂如苦参碱、绿丹、阿维菌素、烟草水等防治病虫害；落叶后至萌芽前用3～5波美度石硫合剂防治病虫害。

8 日灼及冻害防治

8.1 日灼防治

展叶开始，特别是夏季强光照射时期，采取遮阴、套袋等技术防止叶片和果实灼伤。

8.2 冻害防治

8.2.1 冬季防冻

生长季节加强管理，增强树势；采果后尽早施入基肥，根茎部培土30cm厚，包裹树干；土壤封冻前浇灌封冻水，雪天及时摇落树上积雪。

8.2.2 防止晚霜

早春2月下旬至3月上中旬，果园灌水降低地温，推迟发芽；萌芽后加强树体管理；晚霜来临前采取果园熏烟或开启喷灌设施洒水，预防新梢受冻。

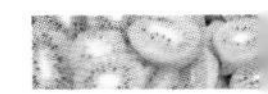

周至猕猴桃新闻报道选粹

1.1994年5月下旬，中央电视台《焦点访谈》栏目对周至县司竹乡犁掉麦田种植猕猴桃进行专题报道，并采访司竹乡乡长郝峻岭。

2.2000年9月上旬，周至县委副书记张勘仓在北京王府井大街参加名优农产品展销会，开设展位展销周至猕猴桃。中央电视台对周至展位进行了采访，并在《新闻联播》中播放两分钟，引起巨大轰动。

3.《周至：猕猴桃如何“跳”起来——来自全国最大的猕猴桃生产基地的调查》，经济日报，2004年10月19日。

4.《陕西周至：大力促进猕猴桃产业升级》，经济日报，2008年10月4日，记者张毅、通讯员辛凡。

5.《周至产业化助推猕猴桃商品持续走红》，陕西日报，2009年2月26日。

6.《周至猕猴桃，又是丰收年》，经济日报，2009年9月19日，记者李国章、张毅。

7.《猕猴桃产业在陕西省水果中收益最高》，陕西日报，2012年1月4日，记者元莉华。

8.《陕西周至“猕猴桃”成为农民增收的支柱产业》，中国经济网，2012年8月16日，记者张毅、通讯员陈磊。

9.《周至猕猴桃跃上航天“神舟”》，农民日报，2013年10月24日，作者陈磊、栾泓。

10.《周至猕猴桃迎来大丰收》，陕西日报，2014年10月16日，记者吴莎莎、通讯员楚亚恒。

11.2015年9月21日，中央电视台新闻频道《新闻直播间》、财经频道《第一时间》栏目分别以4分15秒、2分19秒的时长，以《秦岭北麓猕猴桃果正香》《陕西周至：秦岭北麓猕猴桃果正香》为题对周至猕猴桃进行现场报道。

12.《猕猴桃“太空游”后何时落到百姓果盘》，科技日报，2016年5月30日，记者张佳星。

13.《周至猕猴桃：高品质出自产业链细节》，农民日报，2016年7月9日，记者肖力伟、王小川。

14.2016年9月18日，中央电视台财经频道《第一时间》栏目以《陕西周至：猕猴桃走高端市场，电商销售火爆》为题，报道了周至猕猴桃销售场面。

15.2016年9月21日，中央电视台新闻频道《新闻直播间》栏目以《生态种植促平衡，猕猴桃园采摘忙》《陕西周至：生物防治病虫害，猕猴桃变致富果》为题，两次对周至猕猴桃的生态种植、采摘、销售场景进行直播。

16.2016年10月15日，中央电视台军事·农业频道《聚焦三农》栏目以《秋收“周记”》为题，走进周至果园，看猕猴桃的世界。

17.2017年11月19日，中央电视台财经频道《第一时间》栏目“厉害了我的国·电商扶贫行动”中，周至县委书记杨向喜推介周至猕猴桃。

18.《周至县产业扶贫助力猕猴桃“闯出去”》，人民网，2018年1月30日。

19.《陕西周至：打造猕猴桃产业新高地 集聚大扶贫工作新动能》，中央广电总台国际在线，2018年9月18日，记者宋佳。

20.《鲜甜自有道！陕西周至猕猴桃嘉兴签下5.5亿元大单》，浙江在线，2018年11月30日，记者宋彬彬、通讯员刘春燕。

21.《周至猕猴桃今年网销4939.85万件“电商+产业+扶贫”探出新路子》，西部网-陕西新闻网，2019年12月12日，记者石永波；农业农村部网站同日转发。

 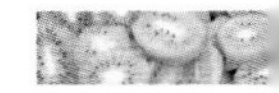

22.《周至县猕猴桃》，人民网，2019年10月21日。

23.《用猕猴桃打开致富大门 走电商扶贫新途径》，陕西网，2019年12月13日，记者刘蕊。

24.《周至猕猴桃鲜甜自有道》，陕西日报，2020年1月3日，记者王轩宇、通讯员周宣。

25.《陕西周至：电商平台助力猕猴桃销售》，新华网，2020年3月27日，新华社记者邵瑞。

26.《陕西周至：小小猕猴桃 托起大产业》，新华网，2020年8月20日，作者詹乐游。

27.《周至猕猴桃销售迎来开门红》，陕西日报，2020年9月16日，记者安涛、仵永杰。

28.《周至：飘香时节迎客来 小小猕猴桃托起致富大产业》，西部网-陕西新闻网，2020年9月16日；农业农村部网站9月17日转发。

29.《西安：都市现代农业绘就乡村振兴新画卷》，陕西日报，2020年10月5日，记者艾永华；人民网10月5日、农业农村部网站10月12日转发。

30.《新产业，你追我赶竞春色》，人民日报海外版，2020年5月2日，记者丁怡婷、韩鑫。

31.2020年11月19日，周至县猕猴桃暨电商扶贫宣传短片在中央电视台财经频道《第一时间》栏目播出。

32.《邮储银行信贷助力周至猕猴桃产业提质增效》，陕西日报，2020年12月18日，作者马瑞。

周至猕猴桃重点种植园区通讯录

园区名称	建设单位	地　址	规划面积（亩）	负责人	电　话
陕西马召现代农业园区	西安惠秦果业有限责任公司	周至县马召镇崇耕村	1000	张　轩	17778939153
西安市军寨现代农业园区	周至军寨猕猴桃专业合作社	周至县楼观镇军寨村	800	陶宏斌	13759884508
西安市竹林现代农业园区	西安竹林生态农牧业有限公司	周至县广济镇南大坪村	300	安竹林	029-87154527 13992842999
西安市金周至现代农业园区	西安金周至猕猴桃实业有限公司	周至县楼观镇周一村	1500	齐　平	13119167111
西安市秦星现代农业园区	周至县姚力果业专业合作社	周至县司竹镇南淇水村	400	姚宗祥	13772466080
西安市幸福源现代农业园区	西安幸福源现代农业有限公司	周至县广济镇南大坪村	500	郝俊岭	13384930716
西安市联诚现代农业园区	周至联诚果业有限公司	周至县翠峰镇史务村	1000	宋　楚	13720762470
西安市汇茂现代农业园区	周至县汇茂果品专业合作社	周至县楼观镇马岔村	600	张　杰	13369109999

周至猕猴桃知名企业通讯录

企业名称	企业地址	负责人	电　话
西安正达农业科技有限公司	周至县马召镇东富饶村	饶　燕	13572220815
西安盛果佳电子商务有限公司	周至县二曲镇	陈　博	13571947626
周至县秦人果业专业合作社	周至县司竹镇中和村	刘先进	13571933345
西安市山美食品有限公司	周至县马召镇	刘　东	13809155685
西安市亿慧食品有限责任公司	周至县哑柏镇六屯村	王运宁	13519133888
西安市聚仙食品有限公司	周至县二曲镇南横线（团结路）沙河大桥东侧	李振奇	13572269886
周至县姚力果业专业合作社	周至县司竹镇北司竹村	姚宗祥	13772466080
西安金周至猕猴桃实业有限公司	周至县楼观镇周一村	齐　平	15029250999
周至县聚友果品专业合作社	周至县108国道终台路口南1000米处	王升林	13759938829
西安异美园现代农业有限公司	周至县楼观镇焦镇村	马中文	18066874501
西安市兴鸿果业有限公司	周至县哑柏镇昌东村	高鸿宾	13571968039
周至县华茂果品专业合作社	周至县广济镇南留村	田养蜂	15877553321
周至开心树果品专业合作社	周至县楼观镇周一村	邵安宁	13991173192
西安赛富通供应链管理有限公司	周至县楼观镇	周　涛	18209221319
西安兄弟供应链管理有限公司	周至县马召镇	赵永秋	15091388688
陕西悠乐果果业有限责任公司	周至县青化镇	孙安田	18691579678
陕西佰瑞猕猴桃研究院有限公司	周至县九峰镇	李永武	18092388108
西安锦盛食品有限公司	周至县四屯镇	齐　斌	13609150200
周至县诚和果蔬专业合作社	周至县楼观镇新安村	严振华	13891430111
西安永信猕猴桃绿色食品有限公司	周至县终南镇豆村	刘建牛	13474292166